Mémoire

sur

La Culture du Prunier.

Dissertation

Sur les Encres à écrire,

Par M. Tarry, Médecin.

Agen,

P. Noubel, Imprimeur-Libraire.

1821.

MÉMOIRE

SUR LA CULTURE DU PRUNIER DE ROBE-DE-SERGENT,

ET SUR LA MANIÈRE DE DESSÉCHER SES FRUITS.

DISSERTATION

SUR

LES ENCRES A ÉCRIRE :

COMPOSITION D'UNE BONNE ET TRÈS-BELLE ENCRE ;

Par B. H. TARRY, Docteur en médecine, des Académies royales des Sciences de Bordeaux et de Toulouse, des Sociétés royales de médecine de ces deux villes, etc.

PRIX : 2 fr.

SE VEND A AGEN,

CHEZ P. NOUBEL, IMPRIMEUR-LIBRAIRE.

1821.

MÉMOIRE

SUR LA CULTURE

DU PRUNIER DE ROBE-DE-SERGENT,

ET SUR LA MANIÈRE DE DESSÉCHER SES FRUITS.

Par B. H. Tarry, Docteur en médecine, des Académies royales des Sciences de Bordeaux et de Toulouse, des Sociétés royales de medecine de ces deux villes, etc.

Il est peu de départemens où les fruits soient plus abondans, plus variés, plus succulens que dans celui de Lot-et-Garonne. La nature du sol, la température de l'atmosphère leur communiquent une supériorité dans la qualité, qu'en vain on chercheroit ailleurs. Je sortirois des bornes qui me sont prescrites, si j'entreprenois de comparer les différens fruits de ce département avec ceux de tout autre pays. Il ne sera question dans ce travail, que de la culture du prunier d'Agen, et de la préparation de ses fruits pour les livrer au commerce.

On cultive dans le département de Lot-et-Garonne un grand nombre d'espèces de pruniers. Les unes produisent des fruits qui, prématurés, sont mis au sirop ou aux liqueurs, tels que les prunes de reine-claude et de lisle-verte; d'autres fournissent, dans les différentes saisons, aux besoins de la consommation locale;

d'autres enfin, sont cultivées avec soin, et leurs fruits desséchés donnent un produit très-avantageux à quelques cantons de ce département.

Le fruit du prunier s'appelle *prune*, et la prune desséchée au four se nomme *pruneau*.

La prune d'Agen est désignée par le nom de prune *datte*. Si nous examinons les prunes d'Agen, si nous les comparons aux dattes, nous ne leur trouverons aucun rapport. La forme et la couleur ne sont pas les mêmes; la saveur et les propriétés diffèrent essentiellement. Les dattes sont cylindriques ; elles sont plus grosses du côté du pédicule que de celui de la tête, qui est recourbée et pointue ; la couleur est roussâtre. Nous verrons que les prunes d'Agen ne présentent aucun de ces caractères. Les prunes sont tendres, douces, sucrées, d'un goût relevé. Les dattes sont fermes, d'un sucré de miel qui se rapproche plus du goût des figues que de celui des prunes. Les dattes arrêtent le flux de ventre en fortifiant les intestins; les prunes provoquent ou entretiennent les évacuations alvines. La dénomination de prune *datte*, pour désigner la prune d'Agen, n'est pas exacte.

Cette prune porte encore le nom de prune d'*ente*. On croiroit par cette dénomination, que les pruniers de cette espèce sont tous entés; il en est peu, au contraire, qui le soient. Pour obtenir de meilleurs et de plus beaux fruits, on a pu, dans le principe, enter les pruniers d'Agen; mais la propriété de donner de plus beaux fruits par la greffe est une propriété commune aux arbres de toutes les espèces. Il n'est pas reçu de tirer une dénomination particulière d'une propriété commune ou générale. Le nom de prune d'*ente* que porte dans le pays la prune d'Agen, ne lui convient pas.

Les meilleures dénominations sont celles qui sont prises des qualités sensibles, telles que la forme, la couleur, etc. Avant la révolution, les consuls, dans les villes, remplissoient les fonctions municipales; la police simple étoit encore dans leurs attributions. Les appariteurs exerçoient auprès d'eux une sergenterie, puisqu'ils citoient devant eux, puisqu'ils exécutoient leurs jugemens. Ces appariteurs étoient appelés *sergens* ou appariteurs ; quelquefois tous les deux ensemble. Dans une ordonnance du mois d'octobre 1358, ils sont nommés *servientes seu apparitores*. Le mot *servientes* veut dire sergens ou serviteurs ; il vient du participe *serviens*. Ces sergens portoient les bas, la culotte et l'habit d'une couleur rouge de garance peu avivée. La prune d'Agen est exactement de la même couleur ; de là lui est venu le nom de prune de *robe-de-sergent*. Cette dénomination est bonne, puisqu'elle est prise d'une couleur parfaitement ressemblante. On appelle encore dans le pays la pentatome du chou, *pentatoma ornata* Oliv., sergent, à cause de sa couleur rouge.

Agen est la capitale de l'Agenois : cette ville est maintenant le chef-lieu du département de Lot-et-Garonne. Dans plusieurs cantons de ce département, on cultive en grand le prunier de robe-de-sergent. On donne à ses fruits le nom de prunes d'Agen, du chef-lieu d'où on les récolte. De même qu'on appelle pruneaux de Tours, ceux qu'on retire plus particulièrement de la *Touraine;* de même on nomme pruneaux d'*Agen*, ceux de robe-de-sergent, parce que le commerce les retire de l'Agenois.

D'après ce que nous avons dit, la prune *datte* est une dénomination impropre pour désigner la prune d'Agen. La prune d'*ente* tire son nom d'une propriété commune ; ce nom ne doit pas être conservé. La dénomination de *robe-de-sergent*, prise de la couleur, est celle qui convient à la prune d'Agen ; elle rappelle à l'esprit des institutions qui ne sont plus. Le nom de *pruneaux d'Agen* peut être conservé dans le commerce; il indique le lieu où s'en fait la préparation et la première vente.

Prunus, le prunier. (Icosandrie monogynie, *Linn.*) *Linnée* a réuni en un seul genre les genres suivans de *Tournefort* : Le prunier, le cerisier, le laurier-cerise et l'abricotier. *Jussieu* les a classés aussi dans la même famille. Le prunier de robe-de-sergent, *prunus fructu medio*, *oblongo*, *rubro-violaceo.*

Cet arbre est de moyenne grandeur ; il est souvent garni au pied de rejetons enracinés ; il a un bois veiné de rouge : sa racine est ligneuse, traçante, rameuse : son écorce est serrée, lisse et unie, tant qu'il est jeune ; elle se gerce lorsqu'il grossit. Ce prunier est fertile ; il doit être élevé à plein vent.

Les bourgeons sont ronds, de médiocre grosseur, plus ou moins allongés : ils sont d'un gris argenté d'un côté, et d'un jaune-vert de l'autre. Les boutons sont ronds, allongés, pointus ; leur support est gros et saillant.

La fleur est composée d'un calice, de cinq pétales, de vingt-six à trente étamines, et d'un pistil ; elle est supportée par un seul pédicule. Le calice est d'une seule pièce, en forme de cloche, divisé en cinq parties égales, allongées, obtuses et concaves : il est caduc. Cinq pétales blancs composent la corolle : ils sont presque ronds, concaves, ouverts ; ils sont insérés au calice par leur onglet. Les étamines se terminent par des anthères jaunes. Le pistil est composé d'un ovaire simple, libre, rond, allongé, surmonté d'un style couronné d'un stigmate orbiculaire, aplati au sommet ; il est placé au milieu des étamines. La poussière fécondante des anthères s'introduit dans le pistil, et va donner la vie à l'embryon contenu dans l'ovaire.

La feuille, avant son développement, est roulée en cornet ; elle ne vient qu'après la fleur. Les feuilles sont d'un vert pâle, jaunes à la sommité de quelques branches, alternes, lancéolées, du tiers à la moitié plus longues que larges ; elles sont dentées sur leurs bords, et garnies à leur surface inférieure de nervures saillantes ; de forts pétioles les supportent.

Le fruit est de moyenne grosseur, et ovale. Une gouttière sans profondeur règne sur un côté suivant sa hauteur ; elle se termine à la tête par un petit enfoncement, et au pédicule par une cavité étroite. Le pédicule est bien nourri ; il est profondément planté dans sa cavité. La peau est recouverte d'une brume, appelée fleur, de la nature de la cire ; elle est lisse, mince, d'un rouge-violet dans les parties frappées du soleil, et d'un jaune vert, parsemée de points rouges ou de taches blanches du côté de l'ombre. Parvenue à sa plus grande maturité, elle est d'un violet plus foncé. La pulpe est jaune, juteuse et sucrée ; elle adhère au noyau. Le noyau est roux, aplati, presque uni ; il se casse facilement entre les dents ; il renferme une amande un peu amère. Cet arbre, originaire de la Dalmatie, donne des fruits mûrs depuis le 10 du mois d'août jusqu'au commencement de septembre.

Nous possédons une variété de cet arbre : elle se distingue aux bourgeons qui sont d'un rouge-brun, parsemés de points gris ou jaunes ; à la feuille qui, à sa base, est repliée en dehors ; au fruit qui est plus gros, et renflé dans le milieu. Ce fruit vaut moins ; il est moins sucré que celui de l'espèce qui est généralement cultivée.

Le prunier de robe-de-sergent est du nombre de ceux qui se multiplient par ses semences. Pour déterminer la germination des noyaux de quelques fruits, il faut les faire macérer pendant quelque temps dans l'eau. Il est quelquefois nécessaire d'établir des couches de terre et de noyaux dans des caisses ou dans des vases, et de les exposer ensuite aux intempéries de l'air, ou à une température plus élevée que celle de l'atmosphère. Les noyaux des prunes de robe-de-sergent n'ont pas besoin de tant de précautions : il suffit de planter des prunes saines et bien mûres, la tête en bas, et la cavité du pédicule en haut. On les plante à deux pouces de profondeur dans une terre bien fumée, bien défoncée et disposée par sillons. Les sillons sont espacés entr'eux de huit pouces, et les prunes doivent être plantées dans le sillon à six pouces de distance l'une de l'autre. Les plants qui en proviennent sont mis en pépinière à la fin de l'année. Cette méthode est la meilleure pour obtenir des arbres forts et vigoureux.

Quelque temps après la plantation des prunes, les noyaux s'entrouvrent, l'eau pénètre toutes les parties de l'amande ; les cotylédons se gonflent, l'albumen se délaye. La radicule s'enfonce dans la terre, et produit le pivot ou la mère-racine. Les cotylédons s'entrouvrent pour donner passage à la plumule ; ils subsistent jusqu'à ce qu'il ait poussé une ou deux feuilles à l'extrémité de la jeune tige. Le gaz oxigène se combine avec le carbone de l'albumen, et forme l'acide carbonique. Il transforme l'albumen en une matière sucrée, qui sert d'aliment à la plante. Lorsque la plumule est sortie de terre et s'est convertie en tige, que les cotylédons desséchés se sont détachés, et que la radicule, en s'enfonçant dans la terre, constitue une véritable racine, la germination est terminée. La tige croît au moyen de l'air, des gaz qu'il renferme, de l'eau, des engrais, du sol, etc. En plantant les prunes après leur maturité, les pousses sortent de terre pendant l'hiver; pour les garantir du froid, il faut fixer dans la terre des buissons ou des branches sèches d'arbres, et les couvrir de paille ; on les découvre au printemps : si l'on plantoit plus tard des noyaux, la pousse de l'année ne seroit ni aussi forte, ni aussi vigoureuse.

Quelle nature de terre, et quelle exposition conviennent le mieux à l'arbre qui produit la prune d'Agen? Tous les arbres ne demandent pas le même terrain : le prunier se plaît et prospère dans les terres légères et humides ; il a besoin d'une couche assez profonde en terre végétale. Les terres légères sont chaudes et sèches ; elles abondent en terre siliceuse ou calcaire. Elles sont moins chaudes et plus humides lorsqu'elles contiennent une plus grande quantité d'alumine. La profondeur de la couche végétale permet aux racines de s'enfoncer et de s'étendre au loin avec facilité ; de chercher la nourriture sur une plus grande surface ; et l'arbre, fortement enraciné, résiste aux efforts des vents. Si l'arbre repose sur le tuf ou la rocher, ses racines se relèvent; il pousse au pied un grand nombre de rejetons; l'arbre s'épuise et ne profite pas. Le prunier réclame un terrain frais, sans être trop sec, ni trop aqueux. La fraîcheur du terrain dépend des élémens terreux qui retiennent l'eau, ou qui absorbent plus ou moins d'humidité de l'atmosphère. La terre humide transmet l'eau aux racines, dans la proportion de leurs besoins. Le prunier languit dans un terrain trop sec; il arrive difficilement à son accroissement parfait; il se couvre de lichens. Ses racines s'inondent dans un terrain trop aqueux; la mousse s'empare du tronc.

L'ascension de la sève est retardée dans le prunier exposé au nord : les prunes sont belles, aqueuses, peu colorées; leur maturité est tardive. La floraison, la foliation, la fructification sont plus hâtives dans celui qui est exposé au midi. Les prunes sont moins belles, plus parfumées, plus succulentes, plus colorées; elles mûrissent beaucoup plus vîte. Dans ces expositions, les fleurs ne nouent pas aussi bien que dans les autres; les fruits ne sont pas aussi abondans.

Les auteurs préfèrent pour le prunier les expositions de l'est et de l'ouest. Celui qui est exposé à l'ouest, reçoit les rayons du soleil lorsqu'ils sont les plus chauds du jour, lorsque l'atmosphère est très-échauffée. Cette chaleur vive et prompte flétrit les prunes, et s'oppose à leur beauté. Celui qui est exposé à l'est, reçoit l'influence du soleil levant; une chaleur douce et insensible succède aux fraîcheurs des nuits. Les fruits sont très-parfumés, ils parviennent à toute leur perfection.

Le prunier se plaît sur la pente de nos coteaux, ou

sur les plaines élevées ; il aime à jouir du grand air. Les basses plaines lui conviennent moins, parce qu'elles sont trop humides, parce que l'air n'a pas assez d'activité. Le sud-est est de toutes les expositions celle qui lui convient le mieux : Il peut néanmoins être cultivé dans toutes les expositions ; son fruit mûrit partout dans nos contrées méridionales. La grande culture du prunier de robe-de-sergent se fait sur la pente des côteaux ou sur les plaines élevées. L'expérience a justifié qu'il peut également être cultivé dans les basses plaines.

Le terrain et l'exposition les plus favorables à l'abondance de ce fruit, le sont-ils également à sa bonté et à sa beauté? Nous venons de dire que la meilleure exposition des pruniers donnoit les fruits les plus exquis, et que l'exposition la plus défavorable donnoit les fruits les plus beaux. Il en est de même des meilleures terres avec celles de médiocre qualité. Les terres humides et abondantes en carbone sont ordinairement celles des basses plaines. Les arbres y prennent le plus grand développement ; les fruits sont beaux et multipliés. Les terres plus desséchées et moins noires donnent des arbres moins forts, moins vigoureux ; les fruits sont moins beaux, moins abondans ; mais ils sont plus sucrés. La vigne, dans les basses plaines, donne des raisins beaux, aqueux, et peu sucrés ; le vin qui en provient, contient peu d'alcool. Dans les terrains plus secs et mieux exposés, les raisins sont plus petits, moins nombreux, plus sucrés ; leur suc est plus actif et plus concentré ; le vin qu'on en retire est bon ; il contient plus d'alcool. Les bonnes terres donnent en abondance de belles prunes. Les terres médiocres et mieux exposées rapportent de meilleures prunes; mais elles ne sont pas aussi belles. Nous avons dit que les terres légères et humides convenoient au prunier, parce que dans ces terres il donnoit bientôt du fruit. Il devient plus vigoureux dans les terres fortes; il ne donne abondamment du fruit que lorsque la végétation, qui est trop active, s'est sensiblement modérée.

Quels sont les sujets préférables : ceux venus de noyaux, ou les rejetons sur racines? Le pivot subsiste dans le sujet venu de noyau ; une communication directe a lieu entre les branches et les racines. La sève qui descend des feuilles et des branches aux racines, est entièrement distribuée dans celles-ci. Dans les sujets venus de rejetons sur racines, on coupe, en les arrachant, la principale racine qui leur servoit de pivot. Ils ne reprennent que tout autant qu'il pousse de nouvelles racines pour remplacer celles qu'on a coupées; elles sont divergentes, moins profondes, et toujours plus petites. La sève descendante ne peut bientôt plus contenir dans ces racines; les mamelons de leur collet s'engorgent, il se forme des bourgeons qui, en se développant, percent la terre et deviennent des tiges. La sève se divise entre l'arbre et les nouveaux rejetons; l'arbre perd de sa force et de sa vigueur. Celui qui est venu de noyau conserve toute sa sève, il pousse vigoureusement et dure plus longtemps. Il est aussi beau à six ans, que ceux venus de rejetons le sont à dix. Les sujets venus de noyau doivent être préférés à ceux venus de rejetons sur racines.

Les sujets provenus de noyaux ou de rejetons du

prunier d'Agen, sont-ils préférables à ceux de noyaux ou de rejetons de toute autre espèce de prunier? Le prunier de robe-de-sergent peut être greffé sur les sujets des pruniers de toutes les espèces, venus de pied ou de racines. On choisit de préférence les sauvageons des grandes espèces, pour obtenir des arbres forts et vigoureux. Le prunier de robe-de-sergent se reproduit par lui-même, soit qu'on plante une tige venue de ses racines, soit qu'on sème un noyau. On greffe cet arbre sur lui-même; cette pratique est reconnue pour donner de beau et très-bon fruit. Les pruniers venus de noyau sont mieux assurés dans la terre; ils résistent à l'effort des vents; ils donnent moins de rejetons, et se dégradent moins vîte: voilà pourquoi l'on préfère les sujets venus de noyau à ceux venus de racines. Les sujets du prunier de robe-de-sergent doivent toujours être préférés pour obtenir, par la greffe, la même espèce de fruit; les prunes en sont plus douces que celles de tout autre sujet, sur lequel on greffe le prunier d'Agen.

Faut-il élever les sujets en pépinière, ou les mettre de suite en place? Quel est le traitement qui leur convient le mieux dans l'un et l'autre cas? Les soins particuliers que réclame le jeune arbre, doivent être donnés dans la pépinière jusqu'à ce qu'il soit transplanté dans le lieu où il doit rester à demeure. Les sujets, mis de suite en place, sont en général exposés aux froids, et à être endommagés par les animaux. S'ils sont distribués dans les vignes ou dans les champs, il faut parcourir de grandes distances pour les travaux qu'ils exigent. Lorsqu'on cultive le champ ou la vigne ils peuvent être foulés, parce qu'ils sont trop petits pour être aperçus. La pépinière se place dans une terre de médiocre qualité, à l'abri des vents du nord, nord-est ; on l'entoure d'une haie ou d'un large fossé, pour en défendre l'entrée aux animaux. Les sujets qu'on y replante sont dans une bonne exposition ; ils sont moins sujets à être endommagés ; et la culture devient plus facile par leur réunion.

Lorsque les sujets doivent être élevés en pépinière, on les retire des planches où ils ont été semés. On les arrache par tranchée, et rang par rang, en prenant toutes les précautions pour ne pas détruire le pivot, et pour ne couper ni racines, ni cheveux. Pour obtenir une reprise plus assurée, il est d'usage de couper le pivot et de raccourcir les racines latérales des sujets qu'on met en pépinière. Il n'est pas établi que les sujets ainsi mutilés reprennent mieux que lorsque le pivot et les racines sont entiers. En coupant le pivot, en raccourcissant les racines, on contrarie les opérations de la nature, qui n'a rien fait en vain. Le pivot est nécessaire pour les arbres à plein vent ; il est plus particulièrement utile au prunier, qui a une disposition naturelle à tracer. On arrache avec les mêmes précautions, les rejetons venus sur racines ; mais on coupe, sans pouvoir l'éviter, la mère-racine qui leur tient lieu de pivot ; ce qui ne s'établit qu'au grand détriment de l'arbre. Tous ces sujets doivent être arrachés avant l'hiver : si le pivot ou les racines sont écorchées ou meurtries, on retranche avec la serpette les parties contuses ou dépourvues de leur écorce. On les replante aussitôt à deux pieds de distance dans tous les sens, dans une terre défoncée de deux pieds et enrichie par des terreaux ; on les arrose ensuite pour rapprocher la terre des racines. Cette distance et cette profondeur sont nécessaires pour que les racines puissent s'enfoncer dans la terre, et s'étendre de toutes parts sans s'entrelacer avec celles des arbres voisins. Les planches où se fait cette plantation, doivent être longues et étroites pour qu'on puisse atteindre avec la main jusqu'au milieu. On peut donner alors aux jeunes arbres les soins nécessaires, sans fouler aux pieds la terre travaillée. Dès que les sujets ont poussé, on les sarcle; on pioche par intervalles la terre. On empêche par là l'herbe de croître au pied; la communication s'établit de l'air aux racines; celles-ci n'éprouvent pour s'étendre que peu de résistance.

Il seroit préférable de faire la pépinière de planches de semis; il ne seroit question que de la transplantation, et les racines auroient infiniment moins à souffrir. On plante alors deux, trois prunes à côté les unes des autres; on fait une semblable plantation à un pied de distance dans le même sillon; ainsi de suite. Les sillons doivent être espacés de deux pieds. Si les prunes poussoient toutes, on arrache les pieds les plus foibles pour ne laisser venir que les plus vigoureux. On arrache encore un pied entre autre, pour qu'ils se trouvent tous à deux pieds de distance entre eux. On met le plant arraché en pépinière.

Par rapport aux sujets qu'on met de suite en place, on observe les distances où ils doivent être plantés les uns des autres; la terre doit être défoncée de trois pieds. On les transplante, on les travaille avec les mêmes soins, et de la même manière que nous venons de le dire pour ceux qu'on met en pépinière.

A quel âge, et dans quelle saison faut-il greffer ces divers sujets ? Il n'est pas d'usage dans le pays d'enter les pruniers de robe-de-sergent. On se borne à planter des rejetons enracinés, qu'on laisse croître sans autre soin que de travailler la terre. Après deux ans, on coupe la tige à quatre ou cinq pouces de hauteur. Il pousse, à travers l'écorce, des bourgeons; on laisse venir le plus élevé, et l'on supprime les autres. On procède de la même manière pour les tiges venues de noyau. Il est plus avantageux de greffer ces jeunes sujets : l'arbre ne met pas plus de temps à venir, et les fruits sont plus beaux et plus parfaits. Les plants enracinés, pris au pied du prunier de robe-de-sergent, donnent des sauvageons, lorsque ce prunier a été greffé sur sauvageon. Les rejetons sur racine de ce prunier sont marrons, et ceux du prunier de *Saint-Antoine*, sur lequel il est ordinairement enté, sont d'un violet foncé. On reconnoît par la couleur à quelle espèce appartiennent les rejetons, et s'il est de nécessité rigoureuse de les enter. Qu'il soit nécessaire ou non de les greffer pour obtenir l'espèce de robe-de-sergent, il est toujours utile de le faire, pour donner aux fruits plus de beauté et de perfection.

Les jeunes pruniers doivent être greffés à l'écusson à œil poussant : les greffes se font ordinairement en mars. Si elles ne prenoient pas, on les ente à l'écusson à œil dormant à la seconde sève. On dispose le jeune arbre à être greffé à l'écusson, à œil poussant, en coupant la tige, à la chute des feuilles, à six pouces au-dessus de terre. De cette manière, la sève ne s'épuise pas à nourrir une tige qu'il faudra retrancher; elle se concentre et se conserve. Les greffes, pour cette sorte d'écusson, doivent être cueillies quatre ou cinq jours avant de les employer. On les lie en bottes, et on les enterre par le gros bout, à trois pouces de profondeur, dans une terre humide et à l'abri du soleil. Ces greffes étant moins avancées en sève que les sujets, s'y attachent plus vîte, et sont plus sûres à la reprise. Le succès de cette opération consiste à prendre l'écusson sur un arbre franc, dans le milieu d'une branche de l'année précédente, avec des yeux doubles ou triples qui n'aient pas poussé. On fait la greffe à cinq pouces de hauteur. On pratique sur l'écorce du sujet une incision horizontale jusqu'à l'aubier, dans la longueur d'environ six lignes. On fait une seconde incision, qui, partant du milieu de la première, se prolonge en descendant de la longueur de quinze lignes; ce qui forme la lettre T. Cette ouverture doit être plus petite dans les sujets qui ont peu de grosseur. On ouvre avec la spatule du greffoir les deux parties de l'incision, pour y introduire la greffe. Il faut détacher exactement l'écorce qui est sur l'aubier, sans la détruire, sans y laisser la plus foible couche de liber. On ne lève l'écusson qu'après avoir ainsi disposé le sujet, parce qu'il s'altère à l'air plus promptement que lui. Il faut faire attention que l'œil de l'écusson soit plein. Pour qu'il le soit, on laisse un morceau de bois très-mince sous l'œil en levant l'écusson. On soulève doucement l'écorce du sujet, et l'on place l'écusson. Il faut que sa partie supérieure s'adapte et corresponde exactement à la partie supérieure et transversale de l'écorce du sujet. Si elle dépassoit, on enfonce l'écusson; s'il opposoit trop de résistance, on coupe la partie qui déborde, pour ne pas le déchirer. On passe par derrière des fils de laine ; on passe sur le devant, et l'on revient par derrière ; ainsi de suite. On recouvre toutes les parties divisées, excepté l'œil qu'on laisse à découvert. On rapproche ainsi, et l'on tient contenues toutes les parties.

Si cette greffe neprenoit pas, on ente à l'écusson, à œil dormant, à la fin de juillet ou dans le mois d'août, lorsque le sujet est en sève. On pratique l'incision derrière et au-dessous de l'autre. Cette greffe ne diffère de celle de la pousse qu'en ce que la feuille est développée, et qu'elle couvre de sa base l'œil qui doit pousser au printemps prochain. Si l'on greffe un sujet qui ne l'ait pas été, on le coupe à cinq pouces au-dessus de la greffe pour arrêter la sève et la faire passer dans le bourgeon. Cette partie du sujet qui est au-dessus de la greffe sert de tuteur au bourgeon qui se développe : le procédé opératoire est exactement le même que le précédent. Après quinze ou vingt jours, s'il se forme un bourlet au-dessus de la ligature, il faut la desserrer, pour que la sève puisse librement circuler. On coupe le sujet au-dessus de la greffe avant la seconde pousse du printemps. Cette greffe est sûre, elle est la plus usitée.

On ente les pruniers, deux ans après les avoir semés, lorsqu'ils commencent à être en sève. Des froids prolongés, des pluies abondantes peuvent retarder ou accélérer de quelques jours le mouvement de la sève ; alors on greffe plutôt ou plus tard. Les signes auxquels on reconnoît que le moment de greffer est venu, sont lorsque, après avoir coupé une branche, on peut séparer, avec la pointe de la serpette, l'écorce du bois, et que celui-ci est recouvert d'une légère couche d'humeur visqueuse. Au commencement de la sève du printemps, il arrive souvent des pluies abondantes et soutenues; il faut différer et attendre, pour greffer, le retour du beau temps. La sève monte trop vîte; elle est trop aqueuse pour lier l'écusson au bois, et les écorces aux écorces. Le moment de greffer n'est pas indifférent; il vaut mieux greffer le matin que le soir, et jamais à midi, surtout pour la seconde sève et avec les grandes chaleurs. Il y a de l'avantage de greffer le plutôt possible à la première saison. Les greffes poussent pendant six ou sept mois, et le bois est assez formé pour résister aux gèlées de l'hiver. Il est un avantage bien plus appréciable encore, c'est qu'on jouit d'une année plutôt. La greffe perfectionne les espèces: par la greffe, les arbres déposent leur naturel sauvage; les feuilles sont plus pàles, moins nombreuses; les fruits sont plus beaux, moins multipliés et mieux élaborés.

Quel est le résultat de la greffe du prunier d'Agen sur amandier? Le baron de *Tschoudy* dit que le prunier de *Saint-Julien*, enté sur amandier, donne des fruits meilleurs et plus beaux. On voudroit étendre cette propriété à toutes les espèces de pruniers greffés sur amandier. Le premier degré de chaleur qui met en mouvement la sève de l'amandier est insuffisant pour produire cet effet sur le prunier. Les pêchers, dont la floraison est hâtive, peuvent être greffés sur amandier; mais les pruniers de robe-de-sergent, dont la floraison est tardive, ne réussissent que bien difficilement sur de pareils sujets.

Un cultivateur de *Monclar* a greffé des pruniers de robe-de-sergent sur amandier ; il en est peu qui aient réussi. Le sujet s'est conservé, lorsque la greffe s'est desséchée ; si la greffe a poussé, elle a fait bourlet sur le sujet. De tels arbres en général ne profitent pas. L'amandier se trouve bien dans un terrain sec et sablouneux, dans un terrain plus pierreux qu'argileux ; il repousse le fumier. Le prunier demande une terre légère et humide ; il a besoin de fumier. Le sol qui convient au sujet ne convient pas à la greffe ; le sujet est hâtif, et la greffe est tardive : voilà de très-grands motifs pour ne pas voir réussir le prunier de robe-de-sergent sur amandier. On peut greffer l'un sur l'autre tous les arbres à noyau, mais on ne greffe ordinairement que sur les variétés de la même espèce, ou sur les espèces du même genre. *Linné* n'a pas compris dans le même genre le prunier et l'amandier.

Quelles sont la distance, l'époque et les précautions à prendre dans la plantation de cette espèce de prunier? On plante le prunier de robe-de-sergent à quarante pieds de distance dans les terres médiocres ; on observe la même distance dans les bonnes terres enfermées dans des vallons, à cause des brouillards qui y séjournent. Les terres de bonne qualité, où l'air et le brouillard circulent librement, supportent des plantations plus rapprochées ; ces plantations ont lieu à trente pieds de distance. On transplante ce prunier deux ou trois ans après avoir été greffé. Le commencement de la chute des feuilles est l'époque la plus favorable à cette opération ; le cours de la sève est alors ralenti.

On dispose la terre à la transplantation des pruniers en

ouvrant, dans le mois d'août, des trous de trois pieds de profondeur sur quatre à cinq de largeur ; on mélange immédiatement après la terre qui les environne avec des gazonnées ; on tourne et on retourne par intervalles cette terre pour avoir un mélange plus parfait ; le fond des trous, la terre qui les entoure, et dont les surfaces ont été plusieurs fois renouvelées, sont exposés à l'action de l'air et de la lumière ; si les terres sont trop légères, on peut les mêler avec des terres plus substantielles, plus compactes ; si elles sont trop fortes, trop compactes, on peut les diviser avec de la silice, des mortiers desséchés, des balles de blé, d'avoine. Les gazonnées, les pailles, les balles divisent les terres ; elles nourrissent en outre les racines par leur décomposition. S'il s'agit de remplacer des arbres morts, on mêle de la terre neuve avec des terreaux ; on met ce mélange dans les trous à la place de la terre de la fouille qui est usée et qui ne donneroit qu'une végétation languissante.

Arracher les arbres sans couper le pivot, sans endommager les racines ni les cheveux, raccourcir les branches, planter de suite avec les conditions requises, sont les vrais moyens pour avoir une reprise assurée. L'intégrité du pivot contribue à la bonne végétation de l'arbre, à sa santé et à sa plus longue durée ; le raccourcissement des branches renforce les racines, et la plantation sans retard les conserve fraîches. Si le pivot est coupé, il faut mettre sur la blessure de la terre glaise bien corroyée ; si les racines sont écorchées ou écrasées, il faut retrancher, avec la serpette, les parties endommagées ou meurtries, et y mettre de la terre glaise ; si les arbres sont arrachés depuis long-temps et que leurs racines soient flétries, il faut en faire tremper le pied dans l'eau pendant dix, vingt heures avant de les transplanter ; la terre ensuite s'attache mieux aux racines.

On remplit la fosse de terre jusqu'à environ un pied ; on place l'arbre, on enfonce le pivot et l'on distribue, d'une manière égale, les racines ; par cette distribution, les branches ne poussent pas plus d'un côté que de l'autre ; on couvre les racines de la terre qui étoit à la superficie de la fosse avant de l'ouvrir, et qu'on a dû mettre de côté ; cette terre est mieux combinée avec l'air, elle est plus divisée ; on soulève doucement, et par reprises, l'arbre à mesure qu'on le couvre, pour que la terre la plus fine remplisse tous les vides ; on comble la fosse, on comprime un peu la terre, et l'arbre est enterré au-dessus du collet de ses racines ; on amoncèle la terre autour de l'arbre pour former un talus ; lorsqu'elle est sèche, on l'arrose pour qu'elle se rapproche mieux des racines : rarement prend-on cette précaution ! On bat la terre avec la pelle jusqu'à ce qu'elle fasse une croûte, et on la lisse. Les racines de l'arbre sont garanties de cette manière des pluies et des gèlées. La terre, en se comprimant, s'enfonce au moins d'un pouce par pied ; l'arbre suit cet enfoncement. La naissance de la greffe se trouve à la surface de la terre ; c'est ainsi que cela doit être.

Comment le prunier doit-il être traité du moment où il a été greffé jusqu'à celui où il donne du fruit? Lorsque les greffes ont poussé, il faut piocher la terre trois fois par an : la première fois, lorsque les tiges ont pris assez de consistance; la seconde fois, à la fin de mai; et la troisième fois, à la fin d'août. On pioche superficiellement la terre la première année, pour ne pas atteindre les racines; la seconde année, un peu plus profondément; ainsi de suite. La tige pousse de cinq à cinq pieds et demi d'élévation : si elle montoit plus haut, on l'arrête à cette hauteur; s'il vient à la tige de petites branches, elles retiennent la pousse, qui monteroit trop haut; elles font grossir le pied; on les pince par le bas jusqu'à deux tiers de son élévation, lorsque la tige est déjà forte; on les rase ensuite sur la tige pendant la stase de la sève. Lorsqu'on arrache l'arbre, on coupe toutes les branches de la tige, excepté les quatre, trois plus élevées qui forment la tête. La forme la plus agréable de la tête est lorsqu'elle se compose de trois branches, et qu'elles sont placées à une égale distance entre elles.

Nous avons indiqué à quelle époque on transplante le prunier, de quelle manière la terre doit être disposée, et les soins qu'il exige pour sa transplantation. Au commencement du printemps il faut travailler l'arbre au pied, et répandre dans sa circonférence la terre qui est accumulée à l'entour. A la fin de juin, après un jour de pluie, on jette de la terre autour de l'arbre, pour que celle de dessous se conserve fraîche, qu'elle ne se gerce pas, que la chaleur ne dessèche pas les racines, et pour éviter que l'arbre ne soit renversé par les vents. A la chute des feuilles on déchausse l'arbre, on met au pied des terreaux, on les recouvre ensuite de terre qu'on relève en talus pour empêcher que le froid n'arrive jusqu'aux racines ; ainsi de suite tous les ans. Il est nécessaire d'assujettir le jeune arbre à un tuteur, pour lui faire prendre une bonne direction ; il faut l'entourer de buissons, pour le préserver de la dent meurtrière des brebis. Si une partie de son écorce est détruite, il ne profite pas ; il reste toujours défectueux.

Quel est l'âge où l'on doit lui permettre de porter du fruit ? On ne laisse donner du fruit à ce prunier que dix ans après avoir été semé, ou six ans après sa transplantation. Nous savons que le plus grand nombre de cultivateurs n'attendent pas jusqu'à cette époque ; ils sont impatiens de jouir. Le résultat de cette impatience est que s'ils jouissent plus vîte, les branches ne sont pas en rapport avec la tige, qui reste toujours foible, et que les arbres dépérissent plutôt ; au lieu qu'en retardant jusqu'au terme que nous indiquons, l'arbre se fortifie et ne s'épuise pas ; il est dans de justes proportions avec sa tige et ses branches ; il donne plus de fruit, et dure beaucoup plus long-temps.

A quelle époque, et comment faut-il le tailler ? Les uns commencent la taille des pruniers à la chute des feuilles ; d'autres attendent pour le tailler que les gêlées soient passées. La première de ces méthodes, quoique la moins suivie, est préférable à l'autre, surtout pour les arbres à gomme, parce que la cicatrice, à la prochaine sève, est mieux formée. La taille se fait sur un bois assez dur pour n'avoir rien à craindre des gelées. L'arbre s'épuise moins et conserve mieux sa vigueur que lorsqu'il nourrit plus long-temps des branches qu'il faut ensuite retrancher. Après avoir taillé les arbres, il faut mettre de l'onguent de *saint-fiacre* sur les grandes coupures pour empêcher la pluie et les gelées de pénétrer. On dépouille, avant l'hiver, le tronc des vieux arbres des écailles qui s'y sont formées; l'eau de la pluie se ramasse sous ces écailles, elle se convertit en glace par le froid.

Tailler un arbre, c'est retrancher le bois inutile et raccourcir ses bourgeons. Le prunier de robe-de-sergent reçoit la taille en *gobelet* ou en *entonnoir ;* les principes de cette taille sont les mêmes que ceux de l'espalier; ils se réduisent à supprimer tout canal direct, à établir l'équilibre entre les branches. La taille du fort au foible ne peut pas avoir lieu pour le prunier.

Le canal direct est une branche perpendiculaire au pied de l'arbre; la sève monte avec force dans la branche directe ou verticale; elle développe dans les parties supérieures des jets vigoureux; ces branches s'appellent *gourmands*, parce qu'elles attirent à elles toute la nourriture, parce qu'elles affament les branches voisines, qui périssent d'épuisement. La branche horizontale ne donne pas de bourgeons du côté de la terre; la sève est ralentie dans les branches ainsi inclinées. La branche qui se trouve entre la verticale et l'horizontale est placée à l'angle de quarante-cinq degrés; cette branche pousse des bourgeons dessus et dessous; ces bourgeons donnent des branches qui poussent de nouveaux bourgeons de deux côtés. Il faut ramener les branches à l'angle de quarante-cinq degrés pour que tous les bourgeons respirent, pour qu'ils jouissent des bienfaits de la lumière; dans cette direction, la sève n'est pas trop ralentie ; elle ne se porte pas avec trop d'abondance dans les extrémités supérieures.

L'équilibre existe dans les branches lorsqu'elles ont entre elles la même grosseur, la même force, la même vigueur ; lorsque le nombre des bourgeons est à peu près égal. Si les branches d'un côté sont plus fortes que de l'autre, il faut raccourcir les bourgeons du côté foible, et les laisser de deux, trois yeux plus longs du côté fort. Il en est qui prétendent qu'il convient de laisser plus de bourgeons sur le côté foible que sur le côté fort. Les bourgeons se nourrissent par les feuilles, des principes qu'ils retirent de l'atmosphère ; l'excédent de la nourriture descend aux racines et les fait croître. Plus il y a de feuilles et de bourgeons, plus les racines sont nourries et deviennent grosses. Est-ce parce que les branches sont plus fortes d'un côté, que les racines du même côté sont plus fortes, ou bien est-ce parce que les racines d'un côté sont plus fortes, plus multipliées, mieux nourries, que les branches du même côté deviennent plus fortes, plus étendues ? En convenant qu'au moyen de la chaleur, de l'air, de la lumière, les parties aqueuses de la sève ascendante s'évaporent par les feuilles ; que la sève descendante est plus consistante, plus nutritive ; que les racines peuvent tirer quelque bénéfice de l'absorption par les feuilles des principes de l'atmosphère ; c'est néanmoins dans la terre qu'elles retirent leur principale nourriture ; c'est de la sève ascendante que les bourgeons reçoivent leur premier développement, et presque toute leur substance. Il faut moins de sève pour nourrir peu que pour nourrir beaucoup. En taillant court, on concentre la sève, on fortifie les parties foibles ; en taillant long, on divise la sève et l'on affoiblit les parties fortes ; la taille concourt à rétablir l'équilibre entre les branches.

Tailler du fort au foible, c'est couper les bourgeons entre la pousse du printemps et celle d'automne. Cette règle utile aux espaliers , n'est pas applicable aux arbres à plein vent, et surtout au prunier, qui est de tous les arbres à fruit celui qui pousse le plus vigoureusement. On retranche en entier les bourgeons verticaux, à moins qu'ils ne soient destinés à remplir une place vide. On retranche les bourgeons à bois qui se trouvent entre les bourgeons à fruit. On taille les bourgeons supérieurs à deux, quatre, huit pouces au plus de leur naissance, selon le besoin. On ne donne à l'arbre du bois que par degrés pour l'empêcher de trop s'élancer.

Suivons maintenant un prunier que l'on taille pour la première fois. Les branches qui forment la tête de l'arbre, ne sont pas dans la ligne verticale, parce qu'elles ont été forcées de s'écarter mutuellement les unes des autres. A la première taille, qui a lieu à la transplantation ou un an après , on ravale ces branches sur deux, trois yeux latéraux ; il pousse de chaque œil un bourgeon au printemps prochain ; à la taille de l'hiver suivant on ravale les nouvelles branches sur quatre, six yeux latéraux, selon leur force particulière ; ces yeux fournissent à la pousse du printemps autant de nouveaux bourgeons ; ces bourgeons se dirigent sur l'angle de quarante-cinq degrés, parce qu'on a supprimé le canal direct, autrement dit toute la partie des bourgeons qui étoit au-dessus de la taille.

Cette multiplicité d'angles fait prendre à l'arbre l'évasement qu'on veut lui donner. Il faut toujours avoir soin de laisser à l'extrémité de chaque branche, et à la même hauteur, une bifurcation pour diviser la sève et pour rendre son cours moins direct. Cette bifurcation fournira à la taille prochaine de quoi établir de nouvelles bifurcations, ainsi de suite d'année en année. A la troisième taille, on supprime les bourgeons latéraux qui se trouvent trop rapprochés les uns des autres ; on évide le *gobelet* en retranchant à chaque taille les bourgeons intérieurs verticaux, qui sont trop rapprochés du tronc, excepté ceux qu'on réserve pour remplir une place vide. On retranche également à l'extérieur tous les bourgeons dont la direction s'éloigne trop de la forme circulaire du gobelet. On taille enfin les rameaux réservés. Toutes les tailles se font en biseau, pour empêcher que l'eau ne séjourne et n'altère le bois.

La taille rend la forme de l'arbre plus agréable ; elle procure de plus beaux fruits. Si le prunier ne donne pas également tous les ans, cela tient à une circonstance fortuite à laquelle on ne remédie pas. Si l'on veut obtenir de plus beaux fruits, on élague une partie des bourgeons à fruit.

Lorsque le prunier est vieux et qu'il se couronne, il faut le rajeunir, parce que ce n'est que sur le jeune bois que poussent les boutons à fruit. On rabaisse la taille des vieilles branches de quelques pieds ; on récèpe l'arbre lorsqu'elles sont entièrement épuisées ou qu'elles sont mortes par l'effet des brouillards ou par toute autre cause. Il pousse à travers l'écorce des bourgeons ; on les taille tous les ans, d'après les principes du jeune arbre, en observant de laisser la taille beaucoup plus longue. Ces arbres donnent du fruit à la troisième année ; ils peuvent encore durer longtemps. On coupe le bois mort avant la chute des feuilles pour mieux le distinguer ; on évite par ce moyen que la carie ne gagne le corps de l'arbre.

Quelle sorte d'engrais est la plus favorable à la quantité de fruit, et la moins nuisible à sa qualité? Les feuilles d'arbre, les pailles, les balles de blé, d'avoine, mélangées avec des gazonnées, se décomposent au moyen de l'eau et de l'air. Un premier degré de décomposition de ces substances, de nouvelles combinaisons, l'atténuation de leurs parties, forment ce qu'on appelle le terreau. On n'attend pas pour enfouir les engrais leur entière décomposition ; ils ont perdu dans cet état tous leurs principes volatils, qui sont les plus efficaces. On les emploie dès qu'ils sont entrés en fermentation ; ils jouissent alors de toutes leurs propriétés.

Le marc de raisins, après qu'on a fait la piquette, n'a besoin que de la fermentation pour former un des meilleurs engrais végétaux. L'huile contenue dans le pépin forme, avec l'alcali des pellicules, un état savonneux, très-propre à la composition de la sève et à une bonne végétation. Cet engrais est préférable pour le prunier à presque tous les autres.

Les engrais animaux sont plus substantiels que les végétaux ; ils se decomposent beaucoup plus vîte ; ils contiennent en plus grande quantité des principes graisseux, et fournissent plus abondamment aux matériaux de la sève. Ils ne sont employés qu'après avoir été consommés, à cause de l'odeur qu'ils communiquent aux fruits. Les engrais animaux ne sont pas d'usage pour les pruniers; cependant on ajoute quelquefois au terreau une jointée de colombine par pied d'arbre: par cette addition, la végétation devient plus forte et plus active. On n'emploie la colombine qu'après avoir été amoncelée pendant un an; avant cette époque, elle agiroit avec trop d'énergie sur les racines. Au défaut de colombine, on y supplée par la fiente des gallinacées.

Le terreau des végétaux est plus avantageux aux pruniers que les engrais animaux; ils rendent avec les terreaux une plus grande quantité de fruit, et la qualité en est meilleure. L'addition de la colombine contribue à la vigueur de l'arbre; la colombine est particulièrement utile lorsque les arbres sont vieux; employée en petite quantité, elle ne nuit pas essentiellement au fruit.

Les mélanges terreux sont compris dans les amendemens; il n'en doit pas être question ici.

Les engrais contiennent tous les principes de la végétation; par leur entière décomposition, par les combinaisons qui se forment, ils restituent à la terre-matrice la terre végétale qu'ils récèlent pour former ensuite la charpente d'autres végétaux. Les principes huileux et salins se combinent, et réduits à l'état savonneux, ils deviennent les matériaux de la sève. L'acide carbonique, formé par l'oxigène de l'eau en décomposition et par le carbone, est absorbé par les racines et uni à la sève. Le gaz hydrogène, autre principe de l'eau en décomposition, se solidifie, et entre dans la composition des gommes, des résines, etc.

Comment, sous les mêmes rapports, le terrain qui se trouve entre deux rangs de pruniers doit-il être planté ou ensemencé? Il est de fait que le prunier de robe-de-sergent prospère mieux en plein champ que de toute autre manière. Lorsque le champ est en jachères, les prunes sont beaucoup plus belles que lorsqu'il est ensemencé en blé. Les récoltes hâtives, comme celles des pois, des fèves, de lin, etc., ne paroissent pas lui porter préjudice; elles ne portent aucun obstacle à sa culture, qui se fait mieux dans un champ que dans une terre tout autrement disposée. Celui qui vient dans la vigne n'est pas aussi beau; la terre est épuisée par une constante et trop forte végétation. Une grande partie de nos pruniers est plantée dans les vignes; les racines de la vigne s'étendent au loin; elles se croisent, s'entrelacent avec celles du prunier, et l'empêchent de croître. Toutes ces racines puisent dans la même terre, et se partagent les élémens de la sève qu'elles en retirent; de là vient que le prunier n'est pas aussi beau qu'en plein champ; son état ne peut même s'améliorer, parce que les racines de la vigne sont, comme les siennes, fixes et permanentes dans la terre. Néanmoins il peut être avantageux de mettre chaque rangée de pruniers entre deux rangs de vigne; quelques cultivateurs le pratiquent ainsi. Le terrain compris entre deux rangs de pruniers doit être cultivé comme les champs ordinaires : on le sème une année en blé, l'année suivante il reste en jachère, ou bien on fait venir sur le chaume des fèves, des pois, etc. Toute récolte hâtive, dont les racines sont peu profondes, et qui permette de suivre la culture du prunier, doit être préférée.

Quelles sont les maladies du prunier? Quels sont les insectes qui lui sont le plus préjudiciables? Quels sont les moyens de guérir ou de prévenir les premières et de détruire les derniers? La mousse, les plaies, les ulcères, le cancer, la gangrène, les fractures, la gomme, le blanc, sont les maladies qui affligent le prunier. Il en est d'autres, telles que la rouille, la stérilité, etc., dont il sera parlé dans d'autres articles. Les mulots, la courtilière, la larve du hanneton, les chenilles, lui portent le plus grand préjudice.

On dit qu'un prunier est attaqué de la mousse lorsqu'il est chargé de lichens; les lichens recouvrent en général la plus grande partie de l'écorce du prunier; il arrive quelquefois que la mousse en recouvre en même temps une partie. La mousse s'établit sur le prunier lorsqu'il est planté dans un terrain trop humide, trop abondant en alumine. On prévient cette maladie en amendant la terre avec de la silice, des mortiers de démolition; en mettant au pied de l'arbre des cendres lessivées. Lorsqu'il est planté dans un terrain trop sec, trop léger, où dominent la silice, la terre calcaire, il se charge d'une plus grande quantité de lichens. On remédie à cette cause en mêlant la terre qui est au pied de l'arbre avec de la terre argileuse : on le fait jouir de cette manière de tous les avantages d'un bon sol. La mousse, les lichens sont doués de racines ou de filamens, de branches, de fleurs, de graines; ils vivent aux dépens du prunier, auquel ils sont attachés. Ils le font périr d'épuisement, en lui dérobant la sève des organes latéraux. Après un jour de pluie, lorsqu'ils sont bien ramollis, on les détache en les frottant avec un torchon de paille ou avec des brosses rudes; on lave les pruniers dans les mois de février, mars, avec un mélange de bouse de vache, d'urine et d'eau de savon, pour empêcher la mousse et les lichens de croître sur le tronc et sur les branches. Ce moyen a été donné par le célèbre *Flûguer*, un de nos agriculteurs modernes les plus savans et les plus distingués. Il ajoute: « Ce procédé sert aussi » à maintenir l'écorce belle et saine. Si on répète » ce lavage en automne, après la chute des feuilles, » on détruira les œufs d'une grande quantité d'in- » sectes qui éclosent en automne et en hiver. » Il est utile sans doute de détacher les lichens des pruniers; mais il est plus précieux encore de les empêcher de naître ou de se développer.

La plaie est une solution de continuité récente, avec perte ou sans perte de substance. Elle est produite par un instrument tranchant, contondant, ou par la morsure des animaux. L'ulcère est une solution de continuité par érosion, plus ou moins ancienne, d'où découle une matière sanieuse, âcre, corrosive. Il est produit par une plaie mal soignée, par la dépravation des fluides végétaux, ou par des insectes. Le cancer, est une excroissance fongueuse sur le tronc de l'arbre, d'où découle une matière corrosive. Cette maladie a lieu sur les arbres plantés dans les lieux marécageux où stagent des eaux impures. La gangrène est une mort locale, qui vient de la pléthore, des contusions, du contact des plantes ou des fruits gangrénés, de la gelée, de l'humidité du sol. La fracture est une solution de continuité totale des fibres ligneuses du tronc ou des rameaux.

Quelle que soit la cause des plaies, il faut les mettre à l'abri du contact de l'air. On les recouvre sur toute leur étendue d'un demi-pouce d'épaisseur d'onguent de *saint-fiacre*, ou d'emplâtre *de Forsith*. Lorsque l'écorce de l'arbre est désorganisée, que les vaisseaux se gonflent ou se flétrissent, il faut couper tout ce qui est malade, et panser la plaie comme il vient d'être dit. L'ulcère sera nettoyé avec une eau saline pour stimuler la partie malade, et y déterminer un afflux vital. Celui qui est fistuleux ou caverneux, dans lequel les injections ne peuvent pas parvenir, sera retranché jusqu'au vif. Le cancer doit être extirpé et emporté dans son entier. Toutes les parties affectées de gangrène seront retranchées. Ces diverses coupures seront pausées ensuite comme une plaie simple. Les fragmens ligneux seront mis bout-à-bout ; ils seront maintenus dans cet état, pour que la réunion puisse s'en faire. Il vaut encore mieux tailler la branche pour en laisser pousser une autre. L'arbre sera remplacé, si la fracture est trop considérable.

Toutes les fois que l'écorce du prunier est contuse ou déchirée, la sève afflue dans cette partie ; son eau s'évapore, et il se forme un dépôt de gomme. Ce dépôt est d'autant plus considérable, que la plaie est plus étendue. Les secrétions de la gomme paroissent occasionnées par le resserrement des vaisseaux qui obligent la gomme à s'extravaser, en gênant le cours des sucs propres. Elles sont quelquefois dues à ce que la tige est trop foible par rapport aux branches. On fait des incisions longitudinales à l'écorce de l'arbre, les lèvres de la plaie s'écartent, les vaisseaux moins comprimés laissent un libre cours aux sucs propres. Si la tige est foible, il faut bien nourrir le pied du prunier. Dans les parties où la gomme s'est formée, il n'y a point de transpiration ; l'absorption des principes de l'atmosphère, par les pores de la peau, n'a pas lieu. La matière perspirable s'altère, se corrompt, ronge, carie le bois, et forme un chancre. On remédie à cette maladie en rétablissant la transpiration. On enlève la gomme après un jour de pluie. Si le temps est sec, on l'humecte avec un linge mouillé jusqu'à ce qu'elle soit ramollie, et on la détache exactement. De cette manière on prévient toute altération ultérieure dans l'écorce et dans le bois. S'il existe des chancres, et qu'ils soient placés dans les petites branches, on les enlève au moyen de la taille. Si des taches noires, livides et chancreuses occupent les grosses branches, on retranche jusqu'au vif, on emporte l'écorce et le bois chancreux après avoir enlevé la gomme, et l'on remplit la cavité avec l'onguent de saint-fiacre. On ménage autant que possible l'écorce, parce que c'est la seule partie qui se régénère, et qui puisse remplir le vide.

Le blanc ou la lèpre est une maladie qui attaque le prunier. Il est caractérisé par la blancheur des feuilles, des bourgeons, des rameaux et des fruits. Cette blancheur ressemble au duvet cotonneux qui se forme sur les feuilles et sur les fruits des coignassiers. Le blanc a lieu dans les mois de juillet, août et septembre. Il n'y a pas de fruits à attendre l'année suivante, des parties qui en sont affectées. Les arbres affoiblis, couverts de lichens, de bois mort, de plaies mal traitées, y sont le plus sujets. Il est dû à une plante cryptogame que *Linné* et *Bulliard* nomment *mucor erysiphæ*, et qu'on classe maintenant dans le genre *urède*. Les semences sont portées par les vents sur les arbres où elles se développent. Cette maladie est rare dans ce pays; elle n'attaque ordinairement qu'une partie des branches. On y remédie en détachant les feuilles malades et en lavant les branches couvertes de moisissure. On met au pied des arbres une bonne terre pour obtenir une forte végétation. Les arbres vigoureux nourrissent moins de plantes parasites que ceux qui sont plus foibles, et qui croissent sur un sol stérile.

Le mulot, *mus silvaticus*, Linné, et les autres animaux du genre des rats, ne sont nuisibles qu'avant le développement des semences. On les inquiète par une surveillance exacte de quelque temps. On les détruit au moyen des pièges, ou d'un appât empoisonné.

La courtilière, *acheta grillotalpa*, Fab., porte le plus grand préjudice aux pépinières, en labourant dans tous les sens les planches de semis, et en coupant tous les plants qui se trouvent sur son passage. On enfonce dans la terre des pépinières des pots vernissés, à moitié pleins d'eau, placés de distance en distance; la courtilière qui voyage pendant la nuit y tombe et s'y noie. On cherche pendant la ponte à lui enlever son nid. On accumule pendant l'hiver du fumier de cheval dans des fosses, afin que la chaleur y attire les taupes-grillons, et on les tue.

La larve du hanneton, qu'on appelle vulgairement le ver blanc, *melolonta vulgaris*, Fab., vit pendant deux ou trois ans aux dépens des jeunes plants qu'on a replantés; elle en fait mourir un très-grand nombre. On tue les hannetons qui se rendent tous les matins dans les pépinières, avant qu'ils aient déposé leurs œufs. Une fois que les vers blancs sont nés, on laboure fréquemment la terre, et l'on ramasse ceux que la bêche découvre. On sème de la laitue, ils aiment de préférence ses racines ; lorsque les feuilles se fanent, on les cherche autour d'elles. On détruit de cette manière les chenilles blanches ou grises qui vivent ou se cachent dans la terre.

La chenille est un insecte rampant très-hideux. Celle qui nous donne la soie, mérite tous nos soins à cause de son utilité. Toutes les autres sont dignes de notre aversion par le mal qu'elles font aux arbres. Une petite chenille rase, solitaire, de l'espèce des *pyrales*, s'établit à la fin du mois d'avril, ou au commencement de mai, sur la pousse de la première année du prunier. Elle replie et réunit entre elles les feuilles de la sommité de la tige, au moyen de quelques fils soyeux. Cette chenille est blanche ou jaunâtre avec trois points noirs ou bruns en travers, sur chaque anneau, formant par leur réunion trois bandes noires ou brunes le long du dos. Elle mange la sommité de la pousse, et nuit essentiellement à la tige. Lorsqu'on visite les pépinières, et qu'on s'aperçoit que les feuilles de la sommité des jeunes tiges sont réunies, on retranche l'assemblage de ces feuilles, et l'on écrase sous le pied la chenille qu'elles renferment. Le bourgeon le plus élevé pousse, et donne à la tige la hauteur qu'elle doit naturellement prendre.

La chenille commune, *bombix chrysorhœa*, Fab., est celle qui est multipliée le plus souvent, et avec le plus d'abondance ; elle est longue de plus d'un pouce. Indépendamment des caractères communs, on la distingue à des taches latérales blanches, à des points rougeâtres au milieu du dos, et à deux mamelons rouges placés à l'extrémité de cette partie. La peau est noirâtre ; elle est chargée de poils fauves, etc. Le temps de la métamorphose de cette chenille est vers le mois de juin ; elle forme sa coque entre les feuilles des arbres. Le papillon femelle pond des œufs sur les feuilles à la fin du mois de juin ou au commencement de juillet. Les chenilles ne tardent pas longtemps à filer leur nid après qu'elles sont écloses. Ces nids sont des paquets de soie blanche, enveloppés de quelques feuilles. Sur la fin de février, une infinité de chenilles éclosent de ces nids ; elles en sortent en mars.

Il est une autre chenille de moyenne grandeur, appelée la livrée, *bombix neustria*, Fab. Cette chenille ravage les pruniers dans peu de jours ; elle se distingue par la variété de ses couleurs. Un filet blanc, d'autres d'un jaune doré, des bandes brunes, bleu de ciel, s'étendent le long du dos ; elle est chargée de poils roux sur les côtés, etc. Son papillon femelle pond ses œufs en automne ; ils se conservent pendant l'hiver. Ces œufs, agglutinés les uns à la suite des autres, forment autour des jeunes branches des anneaux de cinq à six lignes de largeur. Ces anneaux sont des nids qui contiennent chacun plusieurs centaines d'œufs.. Ces deux dernières espèces de chenilles dévorent les feuilles de nos pruniers, au point de faire périr les fruits et quelquefois les arbres.

C'est à la fin de mars ou dans avril que les chenilles commencent leur ravage. On empêche les chenilles de communiquer d'un arbre à l'autre, en enduisant le tronc de l'arbre, qui en est dépourvu, avec du miel ou de la glu, dans deux pouces d'étendue de sa circonférence. Les chenilles se prennent aux pattes, et ne peuvent avancer. On les enlève avec soin, et on les écrase sous les pieds. On fait brûler du foin mouillé au-dessous des arbres ; on mêle à ce feu un peu de fleurs de soufre. La fumée épaisse et pénétrante qui résulte de cette combustion, les étourdit et les fait tomber. Il faut les écraser à mesure qu'elles tombent. On peut brûler encore dans un réchaud, rempli de charbons allumés, un peu de fleurs de soufre, sans autre mélange, et diriger la vapeur vers les branches où sont les chenilles. Cette vapeur les fait tomber ; elles s'éloignent des branches qui en sont imprégnées. On assure que l'eau de savon est un très-bon moyen pour détruire les chenilles ; elle fait partie du composé de Flûguer, pour le lavage des arbres. On arrose avec l'eau de savon, les branches sur lesquelles elles reposent.

La plus grande partie des chenilles résiste à tous ces moyens. On peut éteindre la race entière, en échenillant exactement les arbres dans le mois de février, et en jettant au feu les anneaux formés d'une chaîne d'œufs, les insectes renfermés dans des bourses ou dans des toiles. S'il survient une gelée pendant le mois d'avril, toutes les livrées qui ont échappé au premier échenillage, se réunissent sur les grosses branches, et se presssent les unes contre les autres. Il faut les prendre, les brûler ou les écraser. Il convient d'écheniller encore dans le mois de juin et juillet, pour détruire les coques et les nids où les œufs sont déposés. Si cette mesure d'extermination étoit exactement suivie par les cultivateurs, on verroit s'anéantir cette race d'insectes qui porte aux arbres un si grand préjudice.

Les pucerons, si communs sur les tiges des jeunes arbres, ne s'aperçoivent que bien rarement sur celles du prunier. On en voit quelquefois sur les feuilles et sur les branches de ceux qui sont affligés du blanc.

Comment prévenir l'effet des gelées du printemps, et celui des brouillards? Lorsque l'air, en contact avec l'eau, lui enlève par une plus forte affinité la presque totalité de son calorique, l'eau passe de l'état liquide à celui de glace. Les fluides des végétaux se solidifient dans les organes qui les renferment. Ces organes sont forcés à se dilater, parce que les liquides à l'état de glace, occupent plus d'espace. Les gelées du printemps ne sont pas ordinairement produites par un froid bien intense ; elles sont blanches ; elles ont lieu, par rapport à nous, à deux degrés au-dessus de zéro du thermomètre de *Réaumur*. Les gelées sont dangereuses aux fleurs et aux fruits des arbres, lorsqu'ils sont couverts d'humidité. La récolte du fruit est perdue, s'il survient un dégel trop prompt et trop sensible. La fonte trop rapide des petits glaçons ne laisse pas aux corps gelés le temps de reprendre l'ordre qu'ils ont perdu par la congélation ; l'organisation des corps est détruite. M. de *Jumilhac* garantit sa vigne des effets de la gelée, en faisant brûler du côté de l'est, de la paille ou du foin mouillés. La fumée épaisse qui résulte de cette combustion, empêche le soleil levant de frapper les bourgeons, jusqu'à ce que l'atmosphère soit assez échauffée pour réduire la gelée en rosée. Cette pratique peut avoir du succès ; mais elle est trop embarrassante pour une grande plantation d'arbres placés à de grandes distances. M. *Mallet* propose un autre moyen pour garantir les fleurs gelées de la chaleur trop prompte et trop vive des rayons du soleil. Il arrose les fleurs et les fruits des arbres, avant le lever du soleil, avec de l'eau de puits récemment puisée. Cette eau est à dix degrés de chaleur, qui sont plus que suffisans pour fondre les glaçons. Il est facile d'atteindre avec l'eau d'une pompe à main, toutes les fleurs des arbres. On les dégèle et on les garantit de l'action trop prompte et trop énergique du soleil, qui les brûle, et qui les fait tomber en poussière. Secouer les arbres avant le lever du soleil, pour faire tomber les glaçons qui se sont précipités, est un moyen d'une exécution facile, et tout aussi avantageux que les précédens.

Les brouillards sont des molécules aqueuses disséminées dans l'atmosphère, et condensées par le froid. Ils interceptent en partie la lumière qui nous vient du soleil ou des astres. Ils s'élèvent dans l'atmosphère, ou ils retombent sur la terre en forme de petite pluie. Les brouillards ne sont pas seulement de l'eau en vapeur; ils servent de véhicule à des œufs, à des semences; les exhalaisons de la terre se mêlent avec eux. Ils sont parfois âcres, ils ont une odeur infecte. Ces brouillards délétères font mourir les jeunes oiseaux de basse-cour; ils font périr les arbres; ils engendrent des pucerons plus particulièrement sur les fèves; ils font couler la vigne; les feuilles auxquelles ils s'attachent deviennent rouillées, etc. On appelle rouille, des taches de couleur jaune, qui recouvrent les feuilles, les tiges, les fruits des arbres. Ces taches provîennent du développement d'un champignon parasite interne, du genre *urède.* Les brouillards qui se précipitent avec un temps qu'on dit bas et pesant, qui s'évaporent ensuite avec un vent brûlant, ou avec l'ardeur du soleil, déposent des œufs, des semences, des substances âcres sur les feuilles, les tiges et les fruits ; les œufs, les semences se développent, et donnent naissance aux insectes, à l'*urède-rouille* ; les substances âcres altèrent et corrodent les parties des végétaux sur lesquelles elles sont fixées jusqu'à ce qu'une pluie abondante délaie, détache et entraîne cette matière âcre et rongeante. Les lieux bas et humides sont plus sujets à la rouille que ceux qui sont élevés et exposés aux vents. On prévient les effets des brouillards sur les pruniers en les taillant en dehors, et en évidant l'intérieur des branches du bois inutile. L'air qui circule librement dans les branches, empêche les brouillards d'y séjourner ; le fruit exposé au soleil mûrit bien, et ne se détache pas avant sa maturité. On entraîne les vapeurs malignes attachées aux arbres, en les lavant avec de l'eau pure, au moyen d'une pompe à main. Leur action énergique et malfaisante cesse dès ce moment. On entraîne en même temps les œufs, les semences ; et leur développement n'a pas lieu. Si une ou plusieurs branches mouroient par l'effet des brouillards, on rabaisse la taille, et on l'assied sur du bois végétant.

Quelle est la durée productive du prunier d'Agen? Ce prunier venu de rejeton sur racines, est sujet à tracer ; il s'épuise par des tiges inutiles. Planté dans un terrain léger, il donne bientôt du fruit. Si on le laisse porter du fruit deux ou trois ans après avoir été transplanté, la tige est trop foible par rapport aux branches. C'est exactement ce qui se pratique dans ce pays. Le prunier est travaillé plusieurs fois dans l'année ; on le taille régulièrement, on le fume, on l'échenille ; et malgré tous ces soins, sa durée productive n'est que de vingt à vingt-cinq ans. Il peut périr plutôt, par une foule d'accidens. Le prunier venu de noyau, auquel on n'a coupé ni pivot, ni racines, transplanté dans une terre substantielle, sans être trop humide, taillé pour ne donner du fruit qu'après dix ans, se trouve dans les conditions les plus favorables pour une longue durée et pour d'abondantes productions. Il est moins sujet à tracer ; sa tige est en rapport avec ses branches ; il est plus tardif à donner du fruit; mais il en donne abondamment et plus long-temps. J'ai vu des pruniers de robe-de-sergent de quatre-vingts ans, très-beaux, et donner beaucoup de fruit; ils étoient plantés dans une bonne terre. Ce prunier donneroit du fruit au-delà de quarante ans, s'il étoit convenablement planté; si, en le taillant, on se proposoit une longue durée, plutôt qu'une prompte jouissance.

Y a-t-il quelque procédé pour faire conserver à l'arbre une plus grande quantité de fruits? Les pruniers de robe-de-sergent donnent beaucoup de fruits ; on désireroit en général qu'ils en rapportassent moins, pour que la qualité en fût plus belle. Ceux qui se détachent des arbres par l'effet des brouillards, ne paroissent pas rendre ceux qui restent suspendus plus beaux, ni de meilleure quantité. Les pruniers dont la sève est surabondante donnent beaucoup de bois, de feuilles, et peu de fruits. Pour diminuer la quantité de la sève et modérer son cours, on a employé différens moyens. La saignée, le cautère, les scarifications, pincer, tailler pendant la sève, couper des racines, arracher l'arbre pour le replanter à la même place, laisser venir beaucoup de bois, éclater les branches, les tordre, etc., sont les moyens qui, alternativement, ont été mis en usage. Par ces diverses opérations, on forçoit les branches à bois à se mettre à fruit. Les moyens les plus convenables pour ralentir le cours de la sève, et pour l'empêcher de passer par l'écorce pour descendre des branches aux racines, sont de courber horizontalement les branches, ou de les lier fortement avec des liens métalliques ou végétaux, ou bien de faire une incision annulaire au bas des mères-branches. Cette incision se fait en enlevant circulairement l'écorce de la largeur de deux lignes, cinq à six jours avant la floraison, lorsque l'on veut faire fructifier les fleurs prêtes à éclore ; et pendant le mois de juillet, dans six lignes de circonférence, lorsque l'on veut mettre l'arbre à fruit. Les fleurs des arbres qui, tous les ans, éclosent sans se nouer, se nouent; les boutons qui s'allongent, qui ne s'ouvrent, ni ne fleurissent, se mettent à fruit. On retient la sève dans les branches, et on l'oblige d'alimenter les parties qui se sont développées.

Ce n'est pas toujours impunément qu'on dérange le cours de la nature. Cet arbre fougueux, qui se laissoit emporter par excès de vigueur, ne pousse bientôt plus que des branches foibles qui donnent beaucoup de fleurs et peu de fruits. Du moment que les branches commencent à foiblir, il faut rabaisser la taille ; il pousse du nouveau bois qui rajeunit l'arbre insensiblement. On parvient de cette manière à tirer parti de toutes les ressources de l'arbre, et à prolonger son existence.

Si le fruit des jeunes arbres est inférieur en qualité, est-il avantageux de le mêler avec celui des arbres déja formés? Rarement les prunes de robe-de-sergent se servent sur nos tables : elles sont d'un goût excellent; mais leur maturité coïncide avec d'autres fruits qu'on leur préfère. Les prunes qu'on mange sont un peu fermes; on n'attend pas pour les manger cette parfaite maturité qui convient à celles qu'on dessèche au four. Le fruit des jeunes arbres est plus beau que celui des vieux; la peau est plus mince, moins colorée; la pulpe plus molle, plus aqueuse, moins sucrée; le goût en est moins relevé. Il n'y a pas de doute que le fruit des jeunes pruniers soit inférieur en qualité à celui des vieux. Cette distinction qu'on fait sur les prunes, ne se fait pás sur les pruneaux. Si les pruneaux des jeunes arbres ne sont pas aussi bons, ils sont plus beaux; et convenablement préparés, ils peuvent être mêlés avec ceux des vieux pruniers. Il ne faut pas mêler les prunes : celles des jeunes arbres demandent plus de soins, et une chaleur plus long-temps soutenue pour leur préparation. Si elles sont mêlées, la prune la plus belle, et dont la peau est la plus mince, se crève et répand son suc au degré de chaleur nécessaire à celle dont la peau est plus ferme. La prune la plus petite est cuite, lorsque l'autre ne l'est pas suffisamment. On fait cuire de nouveau les prunes qui ne sont pas assez desséchées; mais le gluant communiqué aux pruneaux par le suc épanché, est un inconvénient d'une autre difficulté. Il seroit à propos de faire trois qualités de prunes : les plus belles, les médiocres, et les plus petites, et de séparer celles des jeunes pruniers de celles des vieux. Par cet arrangement, les prunes de la même grosseur et de la même qualité cuiroient en même temps au degré de chaleur qui leur convient ; et les pruneaux seroient exempts du gluant qui les rend fastidieux, et d'une vente difficile.

Quelles sont les précautions à prendre pour recueillir le fruit sans qu'il se détériore ? Lorsque le fruit est parvenu à sa maturité, on doit le cueillir sans le meurtrir. Quel que soit le lieu où se trouve le prunier, on est dans l'usage de secouer fortement les branches, et de ramasser à terre le fruit qui est tombé. Il se meurtrit moins lorsque le champ est en chaume, dans les vignes, que sur la terre nue et compacte. La meilleure précaution seroit de cueillir à la main le fruit bien mûr, et de le déposer dans un panier. Cette précaution exige trop de temps ; elle ne peut être prise pour une récolte aussi abondante, aussi étendue que celle de la prune. Il est tout simple, tout naturel de tendre des draps, des toiles sous l'arbre qu'on secoue ; le fruit tombe sur une étoffe élastique, se ramasse dans le milieu, et ne se meurtrit pas ; on le vide ensuite dans une corbeille. Par ce moyen, on économise beaucoup de temps ; le fruit est reçu à moitié hauteur de sa chute à terre, et il se trouve tout ramassé.

Quels sont les signes de la parfaite maturité ? Les fruits reçoivent la nourriture du pédoncule ; ils y sont si fortement attachés, qu'on ne les détache qu'avec peine avant leur maturité. Du moment que le pédoncule n'y porte plus de nourriture, le moindre effort des vents suffit pour les faire tomber. Les fruits exposés à la lumière se colorent en mûrissant ; s'ils sont couverts par les feuilles, ils mûrissent sans presque se colorer. Ils ont acquis toute leur grosseur quand ils sont mûrs ; ils sont translucides ; ils cèdent à la pression du doigt quand on les presse près du pédoncule. Les signes de la parfaite maturité des prunes sont d'avoir acquis toute leur grosseur, d'être transparentes par les côtés, fortement colorées, de se détacher d'elles-mêmes ou par la plus légère secousse des branches de l'arbre, et d'opposer peu de résistance à la pression du doigt. Les prunes de robe-de-sergent ne mûrissent pas toutes en même temps ; les premières qui se détachent de l'arbre sont véreuses ; celles qui tombent après sont belles et bonnes ; les plus petites sont celles qui mûrissent les dernières. Ainsi, l'ordre que nous avons proposé pour les dessécher au four, se présente presque naturellement, et laisse peu à faire. Lorsque la prune est mûre, on secoue doucement les branches des arbres tous les jours ou chaque deux jours. Si la prune qui tombe est un peu dure, elle se meurtrit moins par sa chute à terre, que celle qui est bien mûre ; elle prend, en la faisant cuire au four, une couleur moins noire que celle qui est parvenue à sa parfaite maturité. La couleur noire est une qualité qu'on recherche dans les pruneaux de robe-de-sergent ; il faut donc cueillir les prunes parfaitement mûres, et les ramasser avec les précautions que nous avons indiquées.

Quels sont les soins à donner aux prunes, du mo-

ment où elles sont cueillies, jusqu'à celui où on les met dans le four? Après que les prunes sont cueillies, on les met de suite au four, ou on les expose sur la paille au soleil. Celles qu'on met de suite au four exigent plus de combustible pour les faire cuire, que celles qui ont resté long-temps au soleil. Il est des personnes qui laissent les prunes exposées au soleil pendant huit, dix jours. Une si longue exposition les ramollit, et les fait fermenter. La fermentation détruit le principe sucré ; elle leur fait perdre beaucoup de leur qualité. Celles qu'on n'expose pas au soleil, n'éprouvent aucune altération ; elles conservent plus de poids après qu'elles sont cuites ; les pruneaux sont plus sucrés, leur couleur intérieure est rousse. Les prunes qui n'ont pas passé au soleil se crèvent plus facilement à la première chaleur du four, à moins qu'elle ne soit très-douce. Une trop forte chaleur dilate le suc, oblige la peau à s'ouvrir, et le suc s'épanche. Pendant la grande maturité des prunes, on n'a pas assez de fours pour les faire cuire en même temps. On en expose une partie au soleil pendant un, deux jours. Ce délai est trop court pour qu'elles perdent de leur qualité ; il est suffisant pour que la peau se flétrisse et se prête à une légère dilatation par la chaleur du four ; elle est moins sujette alors à se crever. Les prunes exposées au soleil peuvent être surprises par des pluies longues et abondantes ; elles se sèchent, mais la peau s'altère. Quelque soin qu'on prenne ensuite, les pruneaux sont défectueux et de très-mauvaise apparence. Il seroit utile d'avoir à sa disposition des nattes de paille pour couvrir les prunes qu'on expose au soleil. On choisit un terrain en pente pour favoriser l'écoulement des eaux ; on y met de la paille, et on y étend les prunes. On les couvre avec les nattes tous les soirs, et lorsqu'on est menacé de la pluie. On les découvre le lendemain, et lorsque la pluie a cessé. Des nattes qui ne servent que douze à quinze fois par an, doivent durer plusieurs années, surtout si on les roule toutes les fois après s'en être servi. On peut faire les nattes de paille pendant l'hiver ; dans cette saison, les travaux de la campagne sont interrompus. Que les prunes aient passé au soleil ou non, on doit les disposer sur les claies, d'après leur grosseur, en mettant de côté celles qui sont meurtries. On peut faire cuire celles-ci à part, et à une chaleur modérée.

Quelles doivent être la forme, la matière des claies, et la manière dont les prunes doivent y être placées? Les claies sont pour l'ordinaire au nombre de trois ; par leur rapprochement, elles prennent la forme du four. Divisez un cercle du haut en bas en trois parties égales, vous verrez la forme qu'il faut donner à chacune d'elles. Il est des claies rondes, en *clématite viorne*, avec un petit rebord autour. Il en est d'autres de la même matière rondes et larges d'un bout, et qui se terminent en pointe de l'autre ; elles sont entourées d'un rebord. Sept à huit de ces dernières suffisent pour remplir le four. Ces claies durent cinq à six ans; elles coûtent de quarante à quarante-cinq centimes chacune. Les claies qui prennent la forme du four, se composent de petits roseaux à l'intérieur, et de cercles de saule et de planches de peuplier à l'extérieur. Les roseaux, placés à côté les uns des autres, dans la longueur des claies, reposent sur cinq traverses, où ils sont assujétis par des osiers. Les parties extérieures qui les supportent, ont près de quatre pouces d'élévation. Deux rebords intérieurs sont établis; l'un au-dessus, et l'autre au-dessous. Le premier, d'un pouce ou plus de hauteur, sert à retenir les prunes; le second élève les traverses d'un pouce au-dessus de l'âtre du four. Le reste de l'espace est occupé par les roseaux, les traverses et les liens. La forme de ces claies est préférable à celles de viorne; elle laisse moins de vide dans le four. Ces claies coûtent un peu plus cher; mais elles durent bien plus long-temps.

On place les prunes, pour la première fois, sur les claies à côté les unes des autres, la cavité du pédicule en haut et la tête en bas; cette position empêche le suc de s'épancher par cette ouverture: la cavité, qui est la partie la plus tendre de ce fruit, prend insensiblement de la consistance par la chaleur du four. La seconde fois on les établit à plat sur les claies; on les retourne de l'autre part à la troisième fois, etc. Par ces diverses situations les prunes sont exposées dans tous les sens à l'action de la chaleur réverbérée.

Les fours ordinaires du pays sont-ils convenables à la préparation des prunes? Quel est le combustible qu'il faut préférablement employer? Les grands propriétaires de pruniers ont besoin de plusieurs fours, pour dessécher les prunes à mesure qu'elles mûrissent; une grande provision de claies leur est encore nécessaire: il faut en avoir au moins pour remplir deux fois chaque four. On met les prunes sur les unes, tant que les autres sont dans le four; on en retire celles-ci pour y placer les autres, ainsi alternativement. Une étuve, à laquelle on donneroit une chaleur graduée, ne conviendroit-elle pas au dessèchement des prunes? Les prunes se dessèchent convenablement à l'étuve, une plus grande quantité de pruneaux peut se préparer dans un délai plus court, moins de combustible seroit employé; mais les pruneaux seroient privés du lustre que leur communique la chaleur réverbérée du four: voilà pourquoi les fours doivent être préférés à l'étuve. Les plus grands fours du pays ont de dix à onze pans de diamètre; ils sont ronds. On peut continuer de se servir de ces fours; mais si on en construisoit de nouveaux, il faudroit leur conserver la même capacité, leur donner la forme d'un ovale allongé et les carreler en dos d'âne. Cette construction conserve mieux la chaleur, elle la communique d'une manière plus égale. On doit chauffer également le four dans toutes ses parties, en distribuant alternativement le combustible enflammé sur tous les points. Il faut qu'il soit un peu plus chauffé dans le fond, parce que la chaleur se porte toujours vers sa bouche. Lorsque le four est suffisamment chaud, la voûte est blanche sur toute sa surface.

Il sembleroit que, puisque les prunes doivent recevoir une chaleur graduée, tout combustible qui porteroit la chaleur du four au degré convenable, devroit être indifférent. Si l'on ne considéroit que la chaleur en elle-même et le dessèchement des prunes, tout combustible seroit égal; mais il en est qui sont réputés rendre les pruneaux plus noirs les uns que les autres; tels que les hièbles, le chaume, etc. Les sarmens, le chaume, les bourrées de genêt épineux, de buisson, de chêne, etc., sont les combustibles dont on se sert pour alimenter nos fours. Il faut préférer le chaume, si tant est qu'il rende les pruneaux plus noirs. Quant à nous, nous n'avons pu reconnoître de différence sensible entre les pruneaux préparés avec le chaume ou avec le bois. Les pruneaux sont d'autant plus noirs, que les prunes étoient plus mûres ou plus foncées en couleur. Tout combustible qu'on brûle doit être sec, pour ne pas communiquer au four une chaleur humide.

On a prétendu qu'on devoit employer le bois vert et non pas le bois sec pour faire cuire les prunes, parce qu'il rendoit les pruneaux plus noirs et plus luisans. Cette prétention est sans fondement. Quelle différence y a-t-il entre le bois vert et le bois sec ? Le bois vert est chargé de parties aqueuses, et le bois sec en contient peu. La combustion dans le four du bois vert laisse une chaleur humide; celle du bois sec laisse une chaleur sèche. Qu'est-ce que la cuisson de la prune ? C'est le rapprochement de son suc par l'évaporation des parties aqueuses. Je demande si une chaleur humide dégage aussi bien et s'empare avec la même avidité des parties aqueuses que le fait la chaleur sèche; si pour obtenir le même degré de chaleur une plus grande quantité de bois vert que de bois sec ne doit pas être employée ?

Une longue expérience a appris, dans les cantons de *Clairac*, de *Monclar*, de *Castelmoron*, qui sont les lieux où l'on prépare la plus grande partie de nos pruneaux de robe-de-sergent, qu'une chaleur vive et prompte convenoit mieux à cette préparation qu'une chaleur douce et plus prolongée. Le bois vert donne plus de fumée que le bois sec; mais la chaleur qu'exige le four pour le desséchement des prunes en fait sortir la fumée; celle qui s'attache à la voûte se brûle entièrement. Voilà pourquoi l'on ne trouve aucune différence par rapport à la couleur aux pruneaux qui ont été préparés avec le bois vert ou avec le bois sec. Quel seroit d'ailleurs le goût des pruneaux si leur couleur étoit due en partie à la fumée ? Le lustre des pruneaux dépend uniquement de la chaleur vive et réverbérée du four.

Quel est le degré de chaleur que le four doit avoir la première fois qu'on y met les prunes ? La chaleur doit-elle être la même la seconde et la troisième fois ? Déterminer quelle est la chaleur du four par la quantité d'un combustible, quelle est l'impression que doit recevoir la main à tel ou tel autre degré de chaleur, sont des données par approximation, difficiles à décrire, et qui mènent rarement à des résultats uniformes. Les fours peuvent être plus ou moins grands; ils peuvent conserver plus ou moins de chaleur quand on les réchauffe. Le bois peut avoir le même volume sans avoir la même masse; il peut être vert ou sec, brûler lentement ou rapidement. Toutes ces circonstances peuvent faire varier la chaleur. Une main calleuse, accoutumée à de rudes travaux, n'éprouve pas au même degré de chaleur la même sensation qu'une main à épiderme fin. Le calorique n'est que relatif par rapport aux impressions que nous en recevons. Le thermomètre de Réaumur est descendu, l'année dernière, à 11 degrés sous zéro : du moment que ce thermomètre est monté à zéro, la température nous a paru très-douce. Si de 10 degrés au-dessus de zéro la température descendoit tout-à-coup à zéro, nous éprouverions un très-grand froid. Le thermomètre peut seul fixer, d'une manière précise, les termes de la chaleur. C'est aussi au moyen du thermomètre que nous indiquons les degrés de chaleur qu'il convient de donner au four toutes les fois qu'on y met les prunes. Comme il s'agit ici d'une température élevée, le thermomètre à mercure est le seul qui convienne.

Les grosses prunes demandent plus de temps pour leur cuisson et une chaleur plus forte. On porte la température du four, pour la première fois, à soixante-cinq degrés ; on y met les prunes vertes à six, sept heures du soir, jusqu'à quatre, cinq heures du matin. On appelle prunes vertes celles qui n'ont pas été mises au four. Pour la seconde fois, on chauffe le four à quatre-vingt-dix, quatre-vingt-quinze degrés ; on y met les prunes qui ont passé une fois au four, depuis six heures du matin jusqu'à midi. Pour la troisième fois, le four est chauffé à quatre-vingt-quinze, cent degrés ; on y place les prunes qui ont été deux fois au four, pendant deux, trois heures pour celles qui ont été exposées pendant un ou deux jours au soleil, et pendant quatre pour celles qui n'y ont pas été exposées. La température du four doit être de quatre-vingt-cinq degrés pour la quatrième fois ; on y met les prunes qui ont passé trois fois au four, demi-heure, une heure, selon le besoin. Cette dernière opération doit être plus particulièrement surveillée. La graduation dont nous parlons ici est celle de Réaumur. Les prunes diminuent par la cuisson des deux tiers aux trois quarts. La chaleur vive et de courte durée donne du lustre aux pruneaux. Si les prunes ont été assorties pour la grosseur sur les claies, si le four a été chauffé uniformément, toutes les prunes peuvent être cuites en même temps à la troisième fois. Il est rare qu'on prenne tous ces soins; aussi n'y a-t-il que la moitié, les deux tiers de prunes qui soient cuites à la fois. On sépare celles qui sont cuites de celles qui ne le sont pas assez; on remet celles-ci au four pour terminer à la quatrième fois leur cuisson. Quand le four a été chauffé deux fois le jour, il conserve assez de chaleur pour y mettre les prunes vertes sans le réchauffer. Les fours doivent être hermétiquement fermés pour ne pas laisser échapper la chaleur. Il ne faut pas attendre que le four soit refroidi pour en retirer les prunes. La fumée de la voûte qui s'est brûlée, l'alcali des cendres qui s'est sublimé par la force du feu, se détachent de la voûte sous forme de poussière blanche; ils tomberoient sur les prunes, et nuiroient à leur lustre et à leur couleur. Ainsi l'on met les prunes vertes au four pendant dix heures, sans qu'il soit besoin de le réchauffer; onze heures d'une forte chaleur suffisent pour l'entière cuisson de celles qui sont les plus grosses, et qui n'ont pas passé au soleil. Cette pratique est préférable à celle d'une chaleur plus douce, et plus souvent répétée; elle est plus expéditive pour ceux qui ont beaucoup de prunes à cuire; elle est moins dispendieuse. Les pruneaux ont une peau plus ferme, qui résiste mieux à la pression; ils sont moelleux et très-bien préparés; ils conservent plus de poids et de grosseur.

Peut-on indiquer des signes qui fassent connoître le degré de cuisson qui convient aux prunes? Ce n'est que par des tâtonnemens qu'on est parvenu à donner aux prunes de robe-de-sergent le degré de cuisson qui leur convient. Le premier terme de la chaleur, les précautions qu'il faut prendre, la chaleur croissante, le temps que les prunes doivent rester toutes les fois exposées à son action, ne sont pas l'effet du hasard, mais d'épreuves plusieurs fois répétées. On doit bien cuire la peau, rapprocher suffisamment le suc de la pulpe, et conserver à la prune assez de grosseur. On remplit toutes ces conditions, en suivant le procédé que nous venons de tracer. La consistance ferme de la peau, une pulpe moelleuse, sans être ni trop molle, ni trop dure, sont les signes qui font connoître que les prunes ont acquis le degré de cuisson convenable. Si elles sont trop molles, elles sont sujettes à se moisir; elles s'écrasent par la compression. Si elles sont trop dures, elles ont moins de saveur et moins de poids. C'est donc au terme moyen que nous indiquons qu'il convient de s'arrêter. On prend dans un tas une poignée de pruneaux, on les comprime dans la main, et on les abandonne. S'ils se séparent par la chute, ils sont bien cuits; s'ils restent agglutinés, ils ne sont pas assez cuits; la peau s'est alors entr'ouverte, ou la préparation est mauvaise. On distingue par le tact la bonne préparation des pruneaux; l'habitude en cela tient lieu de toute théorie.

Quelles sont les précautions à prendre pour conserver la qualité et la bonté des pruneaux, depuis la préparation, jusqu'à la vente? Ceux qui n'ont qu'une petite quantité de pruneaux, et qui les vendent quelque temps après les avoir préparés, n'usent d'autre précaution que de les mettre dans des corbeilles, et de les couvrir d'un linge. Ceux qui en ont de grandes quantités, les mettent sur la paille dans des cuves ou dans des tonnes, ou en tas sur le plancher, et les couvrent de toiles. Si les pruneaux sont bien cuits, il n'est d'autre précaution à prendre; s'ils sont un peu gras, il faut les mettre clairs sur le plancher, et les couvrir de toiles. Les pruneaux bien cuits suent les uns sur les autres; ceux qui sont gras se dessèchent; on les préserve de la poussière, de l'humidité et de tout mélange étranger. On visite par intervalles ceux qui sont gras, parce qu'un pruneau qui se moisit communique la moisissure à ses voisins. On retire ceux qui seroient altérés.

Le terme moyen de la production d'un prunier de robe-de-sergent, depuis qu'il commence à donner du fruit, jusqu'à ce qu'il n'en donne plus, est par année de trente-cinq livres de prunes. (Dix livres pruneaux). Les pluies, les gelées sur la fleur des pruniers, les vents, les brouillards, la sécheresse pendant la maturité des prunes, diminuent leur nombre et leur beauté. Malgré ces divers accidens, les pruneaux de robe-de-sergent qui se préparent, une année dans l'autre, dans le département de Lot-et-Garonne, s'élèvent à trente-cinq mille quintaux marc. Le prix du quintal, année commune, est de dix-huit à vingt francs. Il est une première qualité de pruneaux, appelée choix sur choix, ou gros choix, que le propriétaire retire toujours avant de vendre sa récolte. Cette qualité peut aller au vingt, vingt-cinquième de la totalité; elle se vend communément un franc la livre ou le demi-kilogramme ; quarante pruneaux font la livre. On fait trois classes des autres pruneaux : on les met sur une table pour en faire le choix. Sur un quintal, on retire vingt livres du premier choix ; vingt-cinq livres du second, et quarante-cinq livres du troisième. Il reste cinq livres de rebut, qu'on réunit aux pruneaux communs de Saint-Antoine. Le prix du quintal du premier choix s'élève, année commune, à quarante, quarante-deux francs ; celui du second, à vingt-huit, vingt-neuf francs ; celui du troisième, à quinze, seize francs. Le choix sur choix s'expédie dans des caisses de vingt livres, qu'on revêt dans l'intérieur de papier collé, pour que l'humidité y pénètre plus difficilement. Les pruneaux y sont placés par couches : on distribue sur chaque couche quelques feuilles de laurier commun, comme le plus aromatique. On comprime les pruneaux, on les couvre de papier, et l'on cloue le couvercle. Les autres pruneaux sont mis dans des caisses, de la même manière et avec les mêmes soins. On expédie pour l'ordinaire les deux premiers choix dans des demi-caisses de quarante livres ; quelquefois le premier choix s'expédie dans des quarts de caisse ; le troisième choix s'expédie dans des caisses de quatre-vingts livres, ou dans des barils. On conserve la qualité et la bonté des pruneaux, en les garantissant de l'humidité qui pourroit les faire moisir.

Y a-t-il quelque moyen de prévenir l'efflorescence qui se manifeste sur les pruneaux lorsqu'on les garde un certain temps, et quel tort leur fait cette efflorescence ? L'efflorescence n'a lieu sur les pruneaux qu'à la fin de mars, et dans avril, époque où les pruniers sont en fleurs. Ce n'est pas par l'influence que la floraison peut avoir sur eux que cela arrive ainsi, mais parce que le temps cesse d'être froid et humide. La température de l'atmosphère est beaucoup plus élevée; les pruneaux en contact avec l'air se dessèchent, et la partie sucrée se manifeste au dehors. Les pruneaux qu'on destine pour l'eau-de-vie, doivent être mous; il suffit de les mettre une fois au four. Ceux qu'on réserve pour sa provision, n'ont pas besoin d'être aussi cuits que ceux qu'on transporte au loin. Les pruneaux pour l'eau-de-vie doivent être employés de suite. Les autres se renferment dans des caisses, et s'y conservent sans se gâter; ils se dessèchent plus lentement, et l'efflorescence s'établit plus tard. Le moyen de retarder l'efflorescence des pruneaux, est de les mettre à l'abri du contact de l'air. Lorsque l'efflorescence s'est établie, ils sont durs et secs; le goût en est moins agréable qu'auparavant. Ils suivent la raison inverse du bon vin; plus ils vieillissent, moins ils valent. L'efflorescence est un commencement de dégradation des pruneaux, puisqu'elle en altère la qualité; elle est inévitable après un certain temps. Si elle ne s'établissoit pas, ils se moisiroient; et la moisissure est le dernier terme de leur altération.

Seroit-il possible d'établir des réglemens de police commerciale propres à garantir la qualité et la conservation des pruneaux? Les pruneaux de *l'impériale violette* se mêlent avec ceux de robe-de-sergent: ils sont plus beaux qu'eux; ils ont la même forme. La couleur est moins intense et ambrée; le goût en est âpre et mauvais; la pulpe n'adhère pas au noyau. On immerge les prunes blanches de *Sainte-Catherine*, *d'impériale blanche*, etc., avant de les mettre au four, dans le suc des fruits de la ronce ou de l'hièble, étendu d'eau. Les prunes cuites qu'on en retire sont noires. On découvre cette supercherie à la quantité de couleur accumulée dans l'enfoncement des pruneaux. Ces pruneaux se mèlent encore avec ceux de robe-de-sergent: quoiqu'on puisse reconnoître par des signes extérieurs ces mélanges frauduleux, il est toujours prudent de goûter les pruneaux qu'on achète, pour ne pas être trompé sur la qualité. Les pruneaux de robe-de-sergent sont ordinairement bien préparés : il pourroit néanmoins arriver qu'on ne les laissât pas assez cuire, pour leur conserver plus de poids et plus de grosseur.

Pour prévenir toute fraude ou toute négligence qui pourroit s'établir par la suite dans la préparation de nos pruneaux, il conviendroit de les faire vendre sur les marchés, ou sur les places publiques des villes, et de les soumettre à la surveillance des commissaires de police ou des adjoints des maires. Ils devroient être autorisés à les faire retirer de sur les places, lorsque leur préparation seroit mauvaise ; pour les mélanges frauduleux, ils citeroient les vendeurs devant le juge de paix, pour que la confiscation fût prononcée. Cette mesure seroit suffisante pour garantir la bonne qualité des pruneaux qui se vendent sur les places. Quant à ceux qu'on vend pour Bordeaux ou pour les autres villes de commerce, ils sont vérifiés en les recevant, et on ne les accepte que tout autant qu'ils sont de bonne qualité. Si les pruneaux de robe-de-sergent se sont quelquefois moisis, la moisissure dépendoit de ce qu'ils avoient été pénétrés par l'humidité, ou de ce qu'ils s'étoient mouillés, plutôt que d'une mauvaise préparation.

Est-il à craindre que la production de ce fruit soit augmentée dans la suite, au point d'en faire baisser le prix à un degré nuisible à ceux qui se livrent à la culture des pruniers d'Agen? La culture en grand des pruniers de robe-de-sergent se borne à quelques cantons du département de Lot-et-Garonne; elle s'étend tous les ans. Elle peut se répandre dans les départemens voisins : le sol et la température de l'atmosphère y sont également propres. Rien ne contribuera autant à propager cette culture dans les pays où elle peut s'introduire, que la série des questions proposées par la société d'agriculture d'Agen. Elle entre dans tous les détails sur les soins à donner aux pruniers, et sur la manière de préparer leurs fruits. La société remplie de l'esprit de son institution, a moins cherché à concentrer cette culture particulière au département, qu'à l'améliorer et à la répandre. Plus les pruneaux sont rares, plus ils sont précieux; plus ils seront abondans, moins grand devra en être le prix. Quoique par la suite une plus abondante quantité de pruneaux puisse faire craindre qu'ils vaudront moins d'argent, ils seront toujours recherchés par leur qualité; ils se répandront par la voie du commerce dans un plus grand éloignement, et la consommation en deviendra plus générale. Tout porte à croire que ces pruneaux, quoique plus abondans, conserveront toujours une valeur réelle, et qu'ils n'éprouveront point une diminution sensible dans le prix. L'agriculteur rassuré peut se livrer à cette culture; elle lui promet pour tous les temps un ample dédommagement de ses travaux.

Existe-t-il des circonstances où il seroit avantageux

de faire concourir la culture des pruniers communs ou de Saint-Antoine, avec celle des pruniers d'Agen? Les pruniers de *Saint-Antoine* ne paroissent être que les pruniers du *gros Saint-Julien.* Ils se plantent dans les haies, dans les bordures des pièces de terre, etc. Leur culture est si negligée, qu'ils ne sont travaillés, ni taillés, ni fumés; on ne leur coupe pas même le bois mort. Ces arbres donnent abondamment du fruit tous les ans; ils viennent très-beaux et durent long-temps. Les fruits sont desséchés par une longue exposition au soleil : on les met une ou deux fois au four. Les pruneaux de cette espèce sont employés dans les hospices pour les malades; on en fait dans le nord une boisson fermentée; on en retire un alcool qu'on appelle *Questchvasser;* on les met dans les sauces, etc. Leur usage tient au besoin, et non pas au luxe des tables; aussi leur consommation annuelle est-elle toujours assurée. Il se récolte dans ce département, une année dans l'autre, soixante-dix à quatre-vingt mille quintaux de ces pruneaux; ils valent moitié moins que ceux de robe-de-sergent. Si l'on faisoit attention que les pruniers de Saint-Antoine n'exigent presque aucun travail, qu'ils rapportent tous les ans également des fruits; qu'il faut peu de soins et peu de frais pour leur préparation, on seroit tenté de regarder tout ce qu'ils rapportent comme un pur bénéfice. Si le prix des pruneaux de robe-de-sergent venoit à baisser sensiblement par leur trop grande abondance, par défaut d'exportation, ou par toute autre cause, il seroit avantageux alors de faire concourir les pruniers de *Saint-Antoine* avec ceux de robe-de-sergent. Ces pruniers, jusqu'à présent si négligés, recevroient des soins et une culture. Leurs fruits, quoique abondans, seroient plus abondans encore. En comparant la quantité des fruits de ces deux espèces de pruniers, les frais qu'ils exigent pour leur préparation respective, on voit que les pruneaux de *Saint-Antoine* donneroient un revenu net, qui différeroit peu de celui des pruneaux d'Agen.

Les prunes de robe-de-sergent sont nourrissantes; elles sont d'un goût agréable; on en fait des confitures, des pâtes sèches d'un goût excellent. Les pruneaux se mettent au sirop, à l'eau-de-vie; on les mange bouillis dans l'eau, dans la piquette, ou dans le vin. Leur principale consommation est d'être servis tels qu'ils sont sur nos tables. Il est peu de fruits secs qui puissent leur être comparés pour la bonté.

Le vrai nom de la prune d'Agen est celui de robe-de-sergent. Faire venir de noyau les pruniers de cette espèce, ne couper pour les transplanter ni pivot, ni racines, essayer de les greffer à l'écusson à œil poussant, les tailler avant les gelées, détacher les lichens de leur écorce, ne leur laisser donner du fruit qu'après dix ans, faire l'incision annulaire pour les mettre à fruit, ramasser les fruits sur des toiles, assortir leur grosseur sur les claies, mettre de côté les prunes meurtries, déterminer la chaleur du four au thermomètre, faire cuire les prunes à une chaleur vive et graduée, etc., sont autant de pratiques ou de procédés peu ou point usités dans ce pays. En les suivant exactement, on parviendra à des résultats moins incertains, plus avantageux que ceux qu'on a obtenus jusqu'à présent.

Les questions de ce mémoire sont celles qui ont été posées par la Société d'agriculture d'Agen.

ERRATA

Pour le Mémoire sur la culture du Prunier.

Pag. 5, ligne 16, *au lieu de :* de forts pétioles les supportent, *lisez* : des pétioles rouges, etc.

Page 6, ligne 3, *au lieu de* : à la feuille qui, à sa base, *lisez :* à la feuille plus grande, et qui, à sa base, etc.

Page 13, ligne 6, *au lieu de :* moins sujets à être endommagés, *lisez :* moins exposés, etc.

Page 41, ligne 18, *au lieu de* : beaucoup de fruit, *lisez* : beaucoup de fruits.

Page 44, ligne 21, *au lieu de :* aussi étendue que celle de la prune, *lisez* : des prunes.

Page 45, ligne 21, *au lieu de* : lorsque la prune est mûre, *lisez* : lorsque les prunes sont mûres.

DISSERTATION

SUR

LES ENCRES A ÉCRIRE :

COMPOSITION D'UNE BONNE ET TRÈS-BELLE ENCRE ;

Par B. H. Tarry, Docteur en médecine, des Académies royales des Sciences de Bordeaux et de Toulouse, des Sociétés royales de médecine de ces deux villes, etc.

L'encre est une des préparations pour laquelle on a le plus varié dans le nombre et dans la quantité des substances qui la composent. Nous allons déterminer celles qui doivent entrer dans sa composition ; quelles doivent en être les proportions, afin que, par un procédé facile et peu dispendieux, on puisse obtenir partout la même qualité d'encre.

Quatre choses suffisent pour sa composition : le liquide, le principe astringent, le proto-sulfate de fer et la gomme. Nous verrons quel est l'effet du sur-sulfate de cuivre et du bois de campêche, que quelques auteurs ont jugé convenable d'y ajouter.

Du liquide de l'encre.

Le vin, la bière, l'eau, sont les liquides qu'on emploie pour cette préparation. Ceux qui se servent des liqueurs fermentées ont en vue de s'opposer à la prompte décomposition de l'encre. Il est vrai que les liqueurs fermentées peuvent retarder de quelques jours sa décomposition ; mais elles ont l'inconvénient de s'étendre et de pénétrer le papier. La bière, le vin sont des liqueurs plus ou moins saturées. Un liquide saturé ne peut pas dissoudre autant de parties colorantes que celui qui ne tient rien en dissolution. S'il en dissolvoit la même quantité, il laisseroit précipiter les substances qui étoient auparavant dissoutes ; ce précipité nuiroit à la pureté des résultats.

L'eau la plus pure, comme celle de pluie ou de rivière, est le liquide qui convient le mieux à la composition de l'encre. Elle a l'avantage de se trouver partout, de ne rien coûter, et d'être le plus grand dissolvant de ses parties constituantes. Lorsque l'encre s'épaissit ou se dessèche, on est dans l'usage de la délayer avec du vinaigre. Le vinaigre rend l'encre trop pénétrante ; il forme avec l'oxide de fer l'acétate de peroxide de fer, et les écritures se rouillent bien vîte. C'est avec l'eau qu'il faut la délayer : l'eau qu'on ajoute remplace celle qui s'est dégagée par l'évaporation.

Du principe astringent.

Les substances végétales astringentes ont toutes la propriété de former la couleur noire avec le protosulfate de fer. On préfère la noix de galle pour l'encre, parce qu'elle donne, avec les oxides de fer, un noir plus beau, plus solide et plus intense que tous les autres astringens. Outre la noix de galle, *Lewis*, *Ribecourt*, *Chaptal* employent encore le bois de campêche pour sa composition.

La noix de galle abandonne ses principes à l'eau.

La décoction filtrée est d'un jaune rouge ; l'infusion filtrée est d'un rouge d'ambre. Celle-ci s'oxigène par son exposition à l'air ; elle se trouble après quatre à cinq jours ; elle devient un peu jaune, et dépose une matière d'un gris-blanc qui adhère aux vases. Cette matière est composée de tannin et de sous-carbonate de chaux.

La décoction et l'infusion aqueuses des noix de galle contiennent principalement du tannin et de l'acide gallique. Dans peu de jours elles se décomposent à l'air ou sans le concours de l'air. Dans ce dernier cas, la décomposition est moins rapide. Le tannin paroît se décomposer au moyen de la décomposition de l'eau. L'oxigène se combine avec le carbone, et forme l'acide carbonique. Celui-ci se combine avec la terre calcaire, et forme le sous-carbonate de chaux. L'hydrogène se combine en plus forte proportion avec le carbone et l'oxigène, et le principe sucré se manifeste. Le mucilage, comme principe très-léger, se porte insensiblement à la surface du liquide, où il forme une moisissure épaisse qu'on nomme le champignon. Le tannin se décompose entièrement dans quatre mois.

A mesure que le tannin se détruit, l'astriction des préparations des noix de galle diminue ; elle disparoît tout-à-fait. L'acide gallique domine de plus en plus dans la liqueur ; il communique à la bouche la saveur acide, et la liqueur conserve un arrière-goût sucré qui se soutient long-temps. (1) Cet acide se

---

(1) Le principe sucré se développe par la décomposition du tannin. Les fruits acerbes perdent leur astriction et deviennent sucrés

détruit insensiblement et disparoît en entier. La liqueur reste alors sans saveur; sa couleur rougeâtre est plus foncée.

Si l'on verse de l'acide sulfurique dans la décoction ou dans l'infusion des noix de galle, on précipite du tannin. Le précipité est d'un gris-blanc en flocons, et le liquide qui surnage de couleur cerise. L'acide sulfurique, versé dans une décoction ou dans une infusion des noix de galle, d'où la moisissure s'est dégagée, ne forme point de précipité. Il se porte en abondance de l'acide carbonique à la surface du liquide qui devient plus rouge. (1) Le tannin est précipité par l'acide sulfurique, parce qu'il a moins d'affinité pour l'eau que n'en a cet acide. Si l'on diminue l'action de l'acide sulfurique, en ajoutant une suffisante quantité d'eau, le tannin se redissout, et la liqueur devient d'un jaune de paille. La couleur plus rouge des préparations des noix de galle est due à la présence de l'acide sulfurique sur l'acide gallique en dissolution dans l'eau.

On extrait les parties colorantes du bois de campêche par l'ébullition dans l'eau. La décoction est d'un rouge pourpre. Si l'on écrit sur le papier avec cette décoction, l'écriture est d'abord rouge; elle devient d'un bleu livide par la dessiccation. Cette dé-

---

par la maturité; leur principe astringent se convertit à l'instant en principe sucré par la cuisson.

(1) L'acide gallique, obtenu par le procédé de *Schéele*, contient du sous-carbonate de chaux. Si l'on fait dissoudre cet acide dans l'eau, et qu'on ajoute dans la dissolution de l'acide sulfurique, il se combine avec la chaux, et déplace l'acide carbonique, qui se porte à la surface du liquide. L'acidité et l'arrière-goût sucré se font remarquer dans la dissolution aqueuse de cet acide.

coction perd dans peu de jours sa couleur rouge ; elle devient d'un vert-jaune. Ce liquide ainsi altéré donne des traces d'un jaune de rouille pâle sur le papier. Cette décoction ne se moisit pas.

L'acide sulfurique, ajouté dans la décoction récente de campèche, rend sa couleur rouge plus vive et plus claire ; il rétablit également la couleur rouge de la décoction passée ; mais elle n'est pas aussi vive que dans celle qui n'a rien perdu de sa couleur. Si l'on humecte avec cet acide ou avec l'acide nitrique, étendus d'eau, les écritures bleues ou jaunes des nouvelles ou des vieilles décoctions de campêche, elles deviennent rouges ; en plongeant le papier dans l'eau, on enlève l'acide dont on s'est servi, et la couleur rouge disparoît. L'écriture de la décoction récente devient d'un bleu livide ; celle de la vieille décoction se montre d'un bleu livide plus pâle et moins nourri. On reconnoît que le bois de campêche est entré dans la composition de l'encre, lorsque après avoir touché l'écriture avec un acide, elle reste rouge pendant quelques instans.

Les décoctions ou les infusions aqueuses de sumac, d'écorce de grenade, de rapûre de bois de chêne, de tan, etc., sont toutes sujettes à se moisir. Les encres qu'on peut faire avec ces substances ne sont pas bien noires ; elles donnent des écritures qui jaunissent dans peu de temps sur le papier. Ces astringens ne sont d'aucun usage pour l'encre ; on s'en sert pour la teinture, le tannage, etc.

Du proto-sulfate de fer.

Quoique le proto-sulfate de fer soit le seul utile

pour composer l'encre, quelques auteurs ont employé d'autres sels avec lui.

La combinaison directe des oxides de fer avec les préparations des noix de galle se fait plus lentement et moins complétement qu'avec le proto-sulfate de fer. L'encre est moins noire lorsqu'on se sert du proto-sulfate, que lorsqu'on emploie ce sulfate calciné. Le fer est plus oxidé dans ce dernier, et c'est à la différence de l'oxidation qu'est due celle de la couleur.

Lewis fait son encre avec trois parties de noix de galle, une de campêche, le proto-sulfate de fer, et la gomme. Examinons-la en détail pour mieux l'apprécier dans son ensemble. En combinant le proto-sulfate de fer avec la décoction de campêche, on obtient un liquide d'un noir-bleu éclatant. L'écriture avec ce liquide est d'un bleu-pâle; elle jaunit dans peu de jours. La décoction des noix de galle et le proto-sulfate de fer donnent une encre d'un noir très-intense; l'écriture ne change pas sur le papier. La décoction de trois parties de noix de galle et d'une partie de bois de campêche produit un liquide trouble, de couleur vineuse: en réunissant le proto-sulfate de fer et la gomme à la décoction de ces deux substances, on se procure l'encre de *Lewis*. Elle est éclatante, d'un noir-bleu-rougeâtre. L'intensité et la solidité de l'encre des noix de galle se trouve ici diminuée et affoiblie par la teinture de campêche, qui lui communique de l'éclat. Cette encre se moisit dans peu de jours; elle dépose abondamment ses parties colorantes; son éclat n'est que momentané.

Indépendamment de la noix de galle, du bois de campêche, du proto-sulfate de fer, *Ribecourt* et

Chaptal font entrer le sur-sulfate de cuivre dans l'encre. Le sur-sulfate de cuivre ne peut être employé qu'en petite quantité; en trop forte proportion il corroderoit le papier, il rendroit l'encre trop obscure. Ce sulfate, avec la décoction de campêche, donne une teinture brune et une écriture d'un rouge-bleu, qui devient d'un noir-bleu peu foncé. La décoction des noix de galle avec le sur-sulfate de cuivre, est de couleur d'olive pourrie; l'écriture prend une couleur foncée de rouille. Le mélange de deux tiers de décoction des noix de galle, d'un tiers de celle de campêche et d'une petite quantité de sur-sulfate de cuivre, forme un liquide épais, de couleur de tartre rouge; l'écriture est de couleur de litharge d'or; elle se fonce par la dessiccation. La décoction des noix de galle, avec le proto-sulfate de fer et le sur-sulfate de cuivre, donne une encre et une écriture très-obscures. En ajoutant à ce composé la décoction de campêche et la gomme, on obtient l'encre de *Chaptal;* elle est d'un noir-brun; l'écriture est rougeâtre en écrivant; elle devient d'un noir-bleu par la dessiccation.

Cette composition d'encre est moins brillante que celle de Lewis; le sur-sulfate de cuivre la rembrunit et la rend plus foncée. Comme elle, elle se moisit très-vîte, elle dépose abondamment ses parties colorantes. Elle n'est ni aussi belle, ni aussi bien nourrie que celle où n'entrent que la noix de galle et le sulfate de fer; elle s'étend davantage, elle se dégrade plus vîte. Une fois altérée, le ton de sa couleur diminue; l'écriture est matte et moins foncée. Il n'y a pas de couleur plus solide ni plus intense que celle que donne la noix de galle avec le tritoxide de fer; le mélange de toute autre teinture diminue son intensité et sa solidité. L'infusion des noix de galle doit être exempte de tout mélange de couleur; elle doit être suffisamment saturée pour que l'écriture résiste à l'action destructive de l'air. Affoiblir la couleur de l'encre et la rembrunir ensuite, c'est la rendre moins nette et moins éclatante.

Macquer est celui qui a le mieux indiqué les substances constituantes de l'encre. Il emploie la bière au lieu de l'eau. La quantité du liquide est au-dessous de ce qu'elle doit être ; l'infusion des noix de galle ne se prolonge pas assez long-temps ; le proto-sulfate de fer doit être calciné pour rendre l'encre plus noire.

La décoction des noix de galle et l'encre avec cette décoction sont sans odeur ; l'une et l'autre se moisissent dans quelques jours. L'infusion des noix de galle a une odeur ligneuse ; l'encre avec cette infusion conserve la même odeur ; elle reste plus long-temps à se moisir. Cette encre est plus pure ; elle ne se moisit qu'après six mois, et la moisissure n'est jamais si abondante que dans celle de la décoction.

On a fait entrer dans l'encre le sulfate acide d'alumine et de potasse (alun du commerce.) Les observations prouvent que les écritures se rouillent très-vîte lorsque l'alun entre dans sa composition, et que le papier se détruit par l'action corrosive de l'acide sulfurique qui prédomine dans ce sel.

Quelques-uns mettent du sucre-candi dans l'encre pour la rendre plus luisante. Ce sucre est le sucre ordinaire avec son eau de cristallisation. On obtiendroit le même résultat en employant le sucre en moindre quantité. La gomme suffit pour donner du luisant aux écritures : le sucre les rend sirupeuses et retarde leur dessiccation. Le sucre, par sa dissolution, précipite des parties colorantes de l'encre ; il est parfaitement inutile, s'il n'est pas nuisible.

De la gomme.

La gomme entre dans la composition de l'encre. La gomme arabique est celle dont on se sert ordinairement ; elle est supérieure en qualité à celle du pays. Elle se dissout bien dans les préparations aqueuses des noix de galle : elle a beaucoup d'affinité pour le tannin. Si l'on ajoute de l'acide sulfurique dans les préparations des noix de galle gommées, il ne se fait pas de précipité.

L'encre prend de la consistance au moyen de la gomme ; elle tient en suspension ses parties colorantes. L'acide sulfurique, dégagé de ses combinaisons, est restreint et modifié dans son action. C'est la gomme qui empêche l'encre de s'échapper trop vîte de la plume, de s'étendre et de trop pénétrer le papier. Elle forme un vernis sur l'écriture, qui lui donne du luisant et qui l'empêche de se rouiller. La gomme doit être employée dans une juste proportion ; en trop petite quantité, elle laisse déposer les parties colorantes ; en trop grande quantité, elle épaissit les encres et retarde la dessiccation des écritures. L'eau, la noix de galle, le proto-sulfate de fer et la gomme, sont les seules substances qui doivent entrer dans la composition de l'encre.

Théorie.

Le proto-sulfate de fer est décomposé dans la formation de l'encre. L'affinité de l'acide sulfurique pour l'oxide de fer diminue, à cause de l'eau de l'infusion ou de la décoction des noix de galle, pour laquelle il a une affinité très-puissante. Le tannin et l'acide gallique se combinent alors avec le protoxide de fer. Si le proto-sulfate de fer est calciné, il passe en partie à l'état de tritoxide. L'acide sulfurique tient moins au tritoxide qu'au protoxide de fer : les combinaisons de ces oxides se font avec plus de facilité avec le tannin et l'acide gallique; il en résulte un tannate et un gallate de tritoxide et de protoxide de fer. L'acide sulfurique reste dans la liqueur. La gomme restreint et modifie l'action de l'acide sulfurique; elle donne de la consistance à l'encre; elle tient en suspension ses parties colorantes.

Après quelques jours, le gallate de fer, d'un noir-bleu-saphir, se découvre à la surface de l'encre; le tannate de fer, couleur de bleu de prusse, gagne le fond avec la gomme. On mêle, et on confond par l'agitation toutes les parties de l'encre; elles restent quelque temps suspendues; elles se séparent ensuite de la même manière qu'auparavant; mais la précipitation du tannate de fer et de la gomme se fait plus rapidement.

Comme dans les préparations aqueuses de la noix de galle, le tannin est le premier qui se décompose dans l'encre. Cette décomposition n'est cependant pas si rapide; elle paroît retardée par l'acide sulfurique et par les combinaisons qui se sont formées. Du moment que la décomposition a lieu, le muqueux se porte à la surface, l'acide sulfurique se combine avec la chaux, et forme le sulfate de chaux. Le carbone plus hydrogéné, reste uni à l'oxide de fer. L'encre perd alors de sa vivacité et de son éclat; elle est matte, plus noire; elle est plus douce et plus moelleuse en écrivant; sa saveur est acide et sucrée. Le tannin, après que sa décomposition a commencé, reste plus de six mois à se décomposer entièrement. Nous supposons ici une température de dix degrés de *Réaumur*, et que la décomposition se fait à vaisseau clos.

Le gallate de fer résiste plus long-temps à la décomposition; au milieu des élémens du tannin décomposé, il se décompose à son tour. Il se convertit en carbone; l'encre devient verte et très-épaisse, elle a perdu toutes ses qualités. La température froide retarde la décomposition de l'encre; le chaud la favorise.

Dans l'encre, où entre le sur-sulfate de cuivre, le tannin et l'acide gallique se combinent avec lui à l'instar du sulfate de fer; l'écriture devient jaune. Dans celle où entre le bois de campêche, l'encre est rougeâtre; les écritures sont bleues. La couleur rouge de la décoction de campêche est due à *l'hématine*; elle disparoît dans quelques jours. Elle se conserve plus long-temps dans l'encre par la présence de l'acide sulfurique; elle se détruit à mesure que cet acide forme d'autres combinaisons. L'acide sulfurique pénètre avec l'encre dans le papier; il laisse libre la décoction de campêche. Par l'abandon de l'acide sulfurique, l'hématine devient bleue dans l'écriture.

Composition d'une bonne et très-belle encre.

Plus une encre est simple, plus elle est belle et pure. L'eau est le liquide qui convient le mieux ; elle est le meilleur dissolvant de toutes ses parties composantes.

La bonne qualité de noix de galle nous vient *d'Alep.* Celles qui sont petites, pesantes, noires, épineuses, sont celles qu'on doit préférer. Elles sont ordinairement mêlées avec d'autres plus grosses, d'un vert foncé. C'est ce mélange qu'on emploie pour la fabrication de l'encre. Quatorze parties d'eau suffisent pour extraire de la noix de galle tout ce qu'elle contient d'essentiel.

Le proto-sulfate de fer calciné rend l'encre plus noire. Pour cet effet, on met deux onces de sulfate vert de fer, grossièrement pulvérisé, sur une pèle de fer rougie au feu. On le distribue en une couche à peu près égale ; il bouillonne, se réunit en une masse, et sa surface inférieure devient blanche. On met de nouveau sur la pèle rouge le côté du sulfate non calciné ; cette partie devient également blanche. Il se perd de cinq à six gros d'eau de cristallisation. Le proto-sulfate de fer passe en partie à l'état de tritoxide ; il se forme de l'acide sulfurique glacial. La proportion du proto-sulfate et du trito-sulfate de fer qui s'est formée, doit être d'un quart au moins de la noix de galle employée.

On met la gomme arabique en poudre pour faciliter sa dissolution. Il faut en faire autant pour le sulfate de fer calciné. La proportion de la gomme doit être d'un tiers en sus de celle de ce sulfate.

Recette de l'encre.

Prenez noix de galle pulvérisée 125 grammes, (quatre onces.)

Gomme arabique en poudre 48 grammes, (une once et demie.)

Sulfate de fer calciné, ou coupe-rose verte calcinée en poudre 36 grammes, (neuf gros.)

Eau de pluie ou de rivière un kilogramme 750 grammes, (cinquante-six onces.)

Faites infuser à froid la noix de galle dans l'eau pendant vingt-quatre heures ; après cette époque, filtrez à travers le papier non collé. Faites dissoudre la gomme ; après son entière dissolution, ajoutez le sulfate de fer calciné ; agitez, et l'encre est faite. Elle est aussi belle, aussi pure, aussi durable qu'il est possible de l'obtenir.

Cette encre reste composée de quarante-neuf onces d'eau, dans laquelle se sont dissous tannin et acide gallique deux onces et demie, gomme une once et demie, sulfate de protoxide et de tritoxide de fer neuf gros ; poids total, cinquante-quatre onces. Cette quantité d'encre ne coûte qu'un franc ; elle peut remplir sept à huit bouteilles ordinaires de *Guyot.*

La noix de galle n'est pas entièrement épuisée par son infusion dans l'eau ; elle peut servir à d'autres usages pour la teinture.

Après six mois, toutes les encres à la noix de galle commencent à se décomposer ; l'encre desséchée ne se décompose pas. On peut dessécher l'encre dont nous venons de donner la formule, sans autre changement que d'employer un tiers en sus de proto-sulfate de fer non calciné, à la place de ce sulfate calciné. On dessèche l'encre dans un vaisseau de terre ; on prend des précautions pour ne pas la brûler, et on la réduit en poudre.

Cette encre se dissout dans l'eau : cette dissolution se moisit beaucoup plus vîte que l'encre préparée sous forme liquide. Elle n'est exempte de moisissure que tout autant qu'elle reste sèche ; l'écriture qui en provient n'est ni vive, ni éclatante. Une encre qui donne des écritures mattes et sans éclat, ne se rédime pas de cette imperfection par l'avantage qu'on retire de la conserver sans s'altérer tant qu'elle est sous forme sèche.

L'encre liquide s'obtient avec moins de travail; elle est plus noire et plus agréable ; c'est elle qu'il faut préférer. On doit la renouveler chaque six mois, tous les ans. Il faut la tenir dans des bouteilles de grès bien bouchées; elle s'y altère moins promptement que dans des vaisseaux de verre. Elle s'y conserve fraîche et à l'abri de la lumière, qui est un puissant agent de sa décomposition.

Toutes les écritures sont enlevées par l'acide nitrique étendu d'eau, ou par le clore en dissolution dans l'eau. Les dénominations d'indélébile, d'inaltérable, d'incorruptible qu'on a données à différentes encres, sont fausses et trompeuses. Il n'est d'autre encre inaltérable, et dont l'écriture soit indélébile, que celle que j'ai composée en 1809, et que j'ai soumise à l'examen de l'institut de France. Cette encre est sous forme solide ; dissoute dans l'eau, elle se conserve sans altération. Les écritures de cette encre résistent à l'action de tous les agens chimiques. Elle n'a rien de commun avec les autres encres : aucune des substances qui les composent, n'entre dans sa préparation.

La couleur de bleu de Prusse dans l'encre est due au tannate de fer.

Nous avons vu que le bois de campêche donne aux écritures un bleu qui lui est propre. L'infusion des noix de galle, sans mélange de décoction de campêche, donne à l'encre la couleur de bleu de Prusse. Cette couleur est foncée et bien nourrie avec le trito-sulfate de fer; elle est plus pâle avec le proto-sulfate de fer.

Pour reconnoître la nature de ce bleu, on met dans un grand verre deux onces d'encre; on ajoute sept à huit parties d'eau. Après vingt-quatre heures de repos, on verse doucement et par inclinaison la moitié de ce liquide : on remplit le verre d'eau. Après douze heures, on décante la liqueur jusqu'aux deux tiers; on remplit ensuite le verre d'eau. On continue de la même manière jusqu'à ce qu'il se forme un dépôt apparent, et que l'eau qui surnage soit claire. On obtient un dépôt très-abondant, de couleur pourpre; il devient par la dessiccation d'un noir-bleu éclatant; il est doux et onctueux au toucher. C'est du tannate de fer que *Ribecourt* a pris pour du bleu de Prusse.

On décolore ce dépôt en le faisant bouillir dans l'eau surchargée de sous-carbonate de chaux. On filtre ensuite cette eau; elle passe à travers le filtre claire et limpide; elle contient du tannate de chaux. Si l'on verse dans l'eau de ce tannate quelques gouttes d'une dissolution de proto-sulfate de fer, on obtient un précipité bleu-vert assez abondant. Si l'on ajoute sur ce précipité quelques gouttes d'acide sulfurique, il devient à l'instant jaune. Le tannin se sépare du protoxide de fer, et l'acide sulfurique se combine avec cet oxide. Si le précipité bleu-vert eût été de l'hydro-cyanate de fer et de chaux, l'acide sulfurique en se combinant avec la chaux, auroit avivé la couleur bleue, et n'auroit pas décomposé l'hydro-cyanate de fer.

La décoction des noix de galle est d'un jaune-rouge; elle contient beaucoup de tannin ; elle est très-astringente. Son infusion est rougeâtre ; elle contient moins de tannin ; elle est aussi moins astringente. L'encre avec la décoction est très-noire, très-épaisse ; elle donne des précipités calcaires très-abondans. Celle de l'infusion est d'un noir-bleu agréable; elle est plus légère ; elle ne précipite rien. La couleur de bleu de Prusse qui se distingue dans l'encre faite avec l'infusion des noix de galle, est due à ce que l'acide gallique étant le même, le tannin est en moindre quantité que dans la décoction, et qu'il y est moins oxigéné. L'infusion des noix de galle est infiniment supérieure à la décoction pour la pureté de l'encre ; c'est elle qu'on préfère; c'est elle qu'on doit employer pour arriver aux résultats les plus parfaits.

Les administrations, le commerce, toutes les classes de la société peuvent tirer parti de ce travail ; ils y trouveront un procédé simple pour composer, à un prix modique, une très-belle et très-bonne encre.

www.ingramcontent.com/pod-product-compliance
Ingram Content Group UK Ltd.
Pitfield, Milton Keynes, MK11 3LW, UK
UKHW021820190726
13853UKWH00003B/1094